特种机电设备
失效分析 案例解析

主　编　黄国健　江爱华

副主编　陈　敏　李　刚　刘　金

何　山　彭启凤

U0343937

华南理工大学出版社
SOUTH CHINA UNIVERSITY OF TECHNOLOGY PRESS

·广州·

图书在版编目(CIP)数据

特种机电设备失效分析案例解析/黄国健,江爱华主编.—广州:华南理工大学出版社,2018.1

ISBN 978－7－5623－5480－2

Ⅰ.①特…　Ⅱ.①黄…②江…　Ⅲ.①机电设备－失效分析－案例　Ⅳ.①TM07

中国版本图书馆 CIP 数据核字(2017)第 284981 号

特种机电设备失效分析案例解析

黄国健　　江爱华　　主编

出　版　人:卢家明

出版发行:华南理工大学出版社

　　(广州五山华南理工大学 17 号楼,邮编 510640)

　　http://www.scutpress.com.cn　E-mail:scutc13@ scut.edu.cn

　　营销部电话:020－87113487　87111048 (传真)

责任编辑:詹志青

印　刷　者:佛山市浩文彩色印刷有限公司

开　　　本:787mm×1092mm　1/16　印张:12　字数:300 千

版　　　次:2018 年 1 月第 1 版　2018 年 1 月第 1 次印刷

印　　　数:1～1500 册

定　　　价:38.00 元

序

　　加入 WTO 后，我国的产品直接面临国际市场的竞争，提高产品质量成为提高企业竞争力的关键因素；而产品失效分析则是定量评定产品质量的重要基础，也是保障产品可靠性的重要手段。特种机电设备是指涉及生命安全、危险性较大的电梯、起重机械、场（厂）内专用机动车辆等，是经济建设中不可或缺的机电设备，对推动经济社会发展、提高城市化水平具有举足轻重的作用。特种机电设备在服役过程中，因腐蚀、疲劳、断裂、磨损等因素的影响，导致设备失效，会存在十分严重的安全隐患。一旦发生事故，会给人们生命财产带来巨大损失，造成恶劣的社会影响。"安全第一，预防为主，综合治理。"失效分析是预防事故的重要手段，通过失效分析来分析特种机电设备失效的原因，为提高产品质量提供科学依据，减少与预防特种机电设备同类事故的重复发生，同时也能提供产品开发、技术改造信息，对促进安全生产、提高工作效率具有十分重要的意义。

　　三十多年来，广州特种机电设备检测研究院一直重视对特种机电设备进行失效分析，于 2012 年成立特种机电设备失效分析研究团队，获得了国家质量监督检验检疫总局多个科技计划项目的支持，取得了丰硕的成果。五年多来，研究团队成功对中船集团、广州港集团、广州日立电梯公司、广州地铁公司等数十家企业进行特种机电设备失效分析，积累了丰富的工程实践经验，引起了行业内的广泛关注。《特种机电设备失效分析案例解析》是该院数十年研究成果的结晶，其技术涉及无损检测、理化检测、在线监测、断裂力学等多个学科。

　　当前全国各地对特种机电设备失效分析工作尚未全面开展，很多地方对于特种机电设备失效结构或零部件缺少分析，难以从根本上解决工程实际问题。本书的出版，既改善了特种机电设备领域失效分析相关专著偏少的现状，也极大地丰富了失效分析的应用领域，是特种机电设备安全工程界和失效分析学术界都值得庆贺的一件大事！

中国力学学会理事

暨南大学理工学院副院长

王璠

2017 年 10 月

前　言

　　特种机电设备的失效关乎设备安全运行，是检验检测人员不得不考虑和解决的重要问题。对特种机电设备事故进行失效分析，其目的是找到失效的原因，避免同类事故的再次发生，同时提出改进措施，保障安全。

　　特种机电设备失效分析技术是结合特种机电设备服役环境的特殊性（载荷大、频率高、吨位重、价值高），通过传统失效分析技术，综合运用多学科知识，对失效部件进行测定分析和综合评价的集成技术。截至2016年底，全国特种设备总量达1200万台，其中机电设备保有量超过700万台。2016年，全国发生特种设备事故和相关事故233起，其中特种机电设备类事故187起，占特种设备事故总数的80%，比重较大。因此，重点对特种机电设备进行失效分析，是十分必要的。由于机电类特种设备安全监督起步较晚，因而当前较少对特种机电设备事故进行失效分析。这类宝贵经验的缺失是特种机电设备检验检测领域的一大缺憾，因此，本书的出版，顺应了加强特种设备安全工作的时代之需，为预防特种设备事故发生、保障人身和财产安全尽我们的一份责任。

　　多年来广州特种机电设备检测研究院将失效分析作为检验检测人员的必备技能。我们组织专业技术团队，经过五年多的努力，合力编撰了本书。作者均在机电类特种设备检验检测机构专门从事起重机械、电梯、场（厂）内专用机动车辆等特种机电设备的安全检验及科研工作，相关案例都是力学、机械、材料等专业的检验检测技术人员的一手资料。我们深切地希望本书的出版能够有益于特种机电设备行业的安全发展，有助于我国机电类特种设备失效分析技术的进步。

　　本书由广州特种机电设备检测研究院黄国健、江爱华组织编著，第1章由黄国健执笔，第2章由何山执笔，第3章由江爱华执笔，第4章由李刚执笔，第5章由陈敏执笔，第6章由刘金执笔，全书由彭启凤统稿。

　　本书的出版得到了广东省质量技术监督局、广州市质量技术监督局、广州特种机电设备检测研究院等各级领导的大力支持，对此表示衷心的感谢！本书技术成果得到了科技部质检公益性行业科技专项"基于光纤声发射传感器的大型起重机械局部损伤监测系统研究"（201010031－02）的资助；得到了国家质量监督检验检疫总局科技计划立项支持，分别为"基于裂纹扩展的大型造船门座式起重机结构剩余疲劳寿命评估关键技术研究"（2010QK086）、"大型塔式起重机金属结构损伤模式识别与风险分析方法研究"（2011QK320）、"基于物联网的起重机金属结构健康监测与预警系统"（2012QK069）、"基于特征信号的电梯故障率统计关键技术的研究"（2010QK080）、"大型造船用起重机焊接残余应力测试方法和分布规律的研究"（2010QK081）、"大型起重机械回转机构故障模拟实验平台设计及其关机技术研究"（2011QK323）、"自动扶梯／自动人行道运行状态记录和故障报警系统的研发"（2012QK065）和广州市"珠江科技新星"人才计划"基于物联网的起重机金属结构健康监测与预警系统"（2013J2200097）的资助；还得到了科研平台建设项目"广州特种机电设备检测研究院博士后科研工作站"（人社部发〔2015〕86 号）、"广东省特种设备安全与节能行业工程技术研究中心"（广东省科技厅文件粤科函产学研字〔2015〕113 号）、"广东省电梯物联网应用服务平台"（粤经信信息函〔2014〕1558 号）、"广州市事故模拟仿真与物证溯源技术重点实验室"的资助，在此一并表示感谢。

　　由于我们水平有限，书中难免存在不足之处，敬请读者与同仁批评指正。

编写组

2017 年 10 月

目　录

1 绪论

1.1 特种设备的作用及事故特点

1.1.1 特种设备及其作用

特种设备是指涉及生命安全、危险性较大的锅炉、压力容器(含气瓶)、压力管道、电梯、起重机械、客运索道、大型游乐设施和场(厂)内专用机动车辆共八大类设备,同时,还包括设备主体附属的安全附件、安全防护装置和与安全保护装置相关的设施。为保障特种设备的安全运行,国家对各类特种设备,在生产、使用、检验检测三个环节都有严格规定,实行全过程监督。截至 2016 年底,全国特种设备总量达 1 197.02 万台(套),比 2015 年底上升 8.81%。其中,锅炉 53.44 万台、压力容器 359.97 万台、电梯 493.69 万台、起重机械 216.19 万台、客运索道 1 008 条、大型游乐设施 2.23 万台、场(厂)内专用机动车辆 71.38 万台,另有气瓶 14 235 万只、压力管道 47.79 万千米。2016 年特种设备各类占比如图 1 - 1 所示。

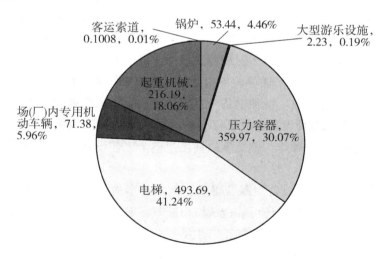

图 1 - 1 2016 年特种设备各类占比图(单位:万台(套))

安全生产是指在生产经营活动中,为了避免造成人员伤亡和财产损失的事故而采取相应的事故预防和控制措施,使生产过程在符合规定的条件下进行,以保证从业人员的人身安全与健康、设备和设施免受损坏、环境免遭破坏,保证生产经营活动得以顺利进行的相关活动。

特种设备是国民经济的重要基础设施，与社会、经济活动密切相关。特种设备安全工作作为安全生产工作的重要组成部分，直接关系到广大人民群众的生命、财产安全，关系到经济发展和社会稳定的大局。特种设备安全工作既有与一般安全工作相一致的共同属性，同时也具有其特有的工作特点，主要表现在以下几个方面：

（1）设备种类多。特种设备包括锅炉、压力容器（含气瓶）、压力管道、电梯、起重机械、场（厂）内机动车辆、客运索道、大型游乐设施等八大类设备，纳入安全监管范围的设备主体、重要元部件及安全附件，种类达三百多个品种，上万个型号。

（2）分布范围广。我国各类在用特种设备几乎囊括了国民经济的所有行业、领域，在我们的日常生活中也随处可见。

（3）服役数量大。截止到 2016 年底，全国各类在用特种设备数量达 1 197.02 万台（套），另有气瓶 14 235 万只、压力管道 47.79 万千米。

（4）增长速度快。我国各类特种设备的平均年增长速度达 10%。

（5）安全隐患多。设备更新缓慢，相当数量的特种设备长期（甚至超期）服役，"带病运行"，使得安全风险不断增加。

（6）事故损失惨重。特种设备通常承载易燃、易爆、有毒、有害物质，并且多处于高温、高压、高参数运行状态，一旦失效破坏，极易造成重大人员伤亡和财产损失，其危害后果十分惨重。

1.1.2　特种设备事故特点及规律

1.1.2.1　特种设备事故特点

（1）危及人身安全。特种设备分为承压类和机电类两类设备。承压类的锅炉、压力容器、压力管道设备，有的在高温高压下工作，有的盛装易燃、易爆、有毒介质，如果管理和操作不当，极易发生泄漏、爆炸、燃烧等事故。机电类的电梯、起重机械、大型游乐设施、客运索道、场（厂）内机动车辆等设备，有的在高空中作业，有的在高速下运行，容易发生坠落、倒塌、倾翻等事故。特种设备一旦发生事故会带来严重的人身伤亡。

（2）造成财产损失。特种设备事故不仅会造成设备本体财产损失，同时也可能损毁工程、房屋等建筑设施，有的爆炸、燃烧事故甚至使整个工艺设施报废，导致企业生产陷于瘫痪状态。

（3）影响社会稳定。特种设备泄漏、爆炸、倒塌等事故，常常会造成社区、工厂大面积停电或者停业，压力管道事故还可能造成城市断气。有的事故甚至迫使大量人员须疏散转移，常常危及社会生产和人民群众的正常生活。

1.1.2.2　特种设备事故规律

（1）非公有制经济企业事故（下称非公企业）数量高于其他领域。非公有制经济是我国社会主义市场经济的重要组成部分。但是，部分非公企业对安全生产工作不够重视，安全投入不足，管理混乱，有章不循，是目前事故多发的单位。非公企业的安全监管问题将是今后特种设备安全监察的重点。

（2）监管工作薄弱是造成事故率较高的重要因素。当前事故高发的设备主要是起重机械、气瓶、压力管道等设备，上述设备的安全监管工作起步较晚，基础薄弱，法规、规范还不完善，监管尚不到位，造成事故多发。加强薄弱环节安全监管，完善规章、规范，积极开展专项整治工作是防止事故多发的关键。

（3）特种设备多发生于人口密集和设备较为集中的地区。多年事故证明，特种设备使用地点人员越多，使用设备数量越集中，事故后果就越严重。设备危害与使用环境有着直接的联系，因此，要对重要场所和重点设备实行重大危险源监控。

（4）季节性影响比较明显。每到春夏之交，工农业生产进入高峰期，容易发生危化品泄漏、气瓶爆炸等事故。秋冬季节，由于建筑工地赶工，容易发生建筑起重机械倒塌、坠落等事故。特别是元旦、春节期间，集中供热疏于管理，容易发生锅炉爆炸、燃气管道泄漏中毒等事故。特种设备安全监察工作应当根据不同季节，有针对性地做出重点安排。

（5）一些事故往往具有一定的滞后性。在经济高速发展的背后，更容易隐藏被忽视的事故隐患，而当经济发展到一定阶段后，可能会连续发生较大的安全事故。当前我国经济已经连续多年高速发展，经济过热的背后也隐藏大量的安全隐患，更要清醒地认识到特种设备安全的重要性。

1.2 失效分析在安全生产中的地位和作用

安全生产工作的主要任务之一，是通过各种技术和管理活动，最大限度地减少或杜绝恶性及灾难性事故。而失效分析是对失效模式和原因进行分析、诊断，并提出补救措施和长效预测预防决策的技术活动和管理活动。失效分析—改进提高—再失效分析—再改进提高，如此循环往复，最终达到变失效（失败）为安全（成功）的目标。失效分析由失效诊断和失效预测预防两方面工作内容组成，而这两者都与安全生产工作有密切的关系。

1.2.1 失效诊断是安全生产工作中事故调查的核心

事故调查是安全生产工作的重要内容，也是失效诊断的基础。保护失效现场和收集背景材料是事故调查必需的，也是失效诊断的重要环节。失效诊断是一项系统工程，它的理论、技术和方法的核心是其推理规则和方法论。在实际的失效诊断中，主要从残骸、应力和环境等方面进行分别诊断和综合诊断。其中残骸分析又包括失效件本身的断口分析、裂纹分析、表面形态分析和痕迹分析等。失效诊断包括失效模式诊断、失效原因诊断和失效机理诊断，其结论也是安全生产工作在事故调查后必须准确回答的。

1.2.2 失效预测预防是安全生产工作的重要内容

失效预测是失效诊断的继续和发展，失效预防则是失效诊断和失效预测的最终目的和成果。大大小小的失效事故，都会造成程度不同的损害，甚至导致灾难性后果。因此，失效的预测预防是最大限度减少恶性事故的重要措施。失效预测预防与安全生产工作的最终目的是完全一致的，建议纳入安全生产工作的业务范围。一般来说，失效预测预防包括失效分析的反馈、风险分析、适用性评价和完整性管理等。

（1）失效分析的反馈是防止失效的基本方法。积极的失效分析，其目的不仅在于失效性质和原因的分析判断，更重要的是反馈到生产实践中去。由于失效原因涉及结构设计、材料设计、加工制造及装配使用、维护保养等方面，失效分析结果也要相应地反馈到这些环节。

在一般情况下，失效分析反馈可按图1-2所示的基本思路进行，即从失效分析的结论中获得反馈信息，据以确定提高失效抗力的途径（形成反馈试验方案），并通过试验选择出最佳改进措施。反馈的结果可能是改进设计结构、材料、工艺和现场操作规程，也可能是综合性的改进。

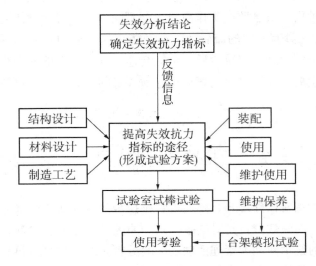

图1-2　失效分析反馈的思路

（2）风险分析是失效预测的科学方法。风险定义为失效概率和失效后果的乘积。风险分析中的失效概率评估是将以往的大量失效案例的统计分析与基于可靠性理论的计算相结合进行的。风险分析中的失效后果分析（包括人员伤亡、财产损失及环境污染等）是失效分析涉及的内容。风险分析实质上是对失效的概率和失效产生的可能后果（如人员伤亡、经济损失等）的一种预测。

（3）适用性评价是失效预测预防的可靠方法。适用性评价（见图1-3）是对含有缺陷的构件或装备是否适合继续使用以及如何继续使用的定量评价，是以现代断裂力学、弹塑性力学和可靠性系统工程为基础的严密而科学的评价方法。

传统的失效分析基本上是事后分析，其预防作用在于明确失效机理，为以后防止同类失效的再次发生提供技术措施。适用性评价主要作为事前的分析，即失效的预防分析。适用性评价中的剩余强度评价的目的是评判构件在现有载荷下能否安全运行，而剩余寿命预测则用以确定构件检测时间或检测周期。这些工作是科学、经济、有效预防失效的措施。适用性评价的结果按以下4种情况区别对待。

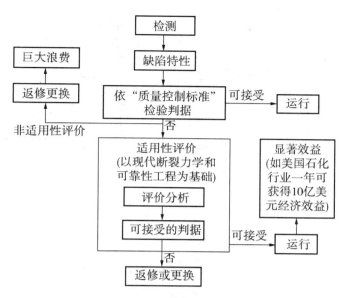

图1-3 适用性评价流程图

①不会给安全生产造成危害的缺陷允许存在。

②对于含有虽不造成威胁但可能会进一步扩展的缺陷的结构，需要进行寿命预测，并允许在监控下使用。

③对于含有缺陷但在降低使用规格后能保证安全可靠性要求的结构，可考虑降格使用。

④对于所含缺陷已对安全可靠性构成威胁的结构或构件，必须立即采取措施。

含缺陷构件适用性评价是在缺陷检测的基础上进行的，包括剩余强度评价和剩余寿命预测，如图1-4、图1-5所示。

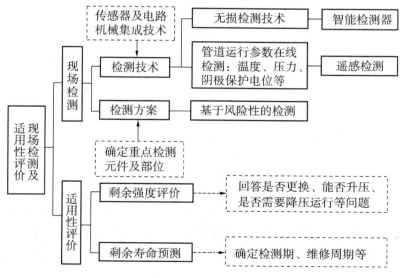

图1-4 现场检测及适用性评价的关系

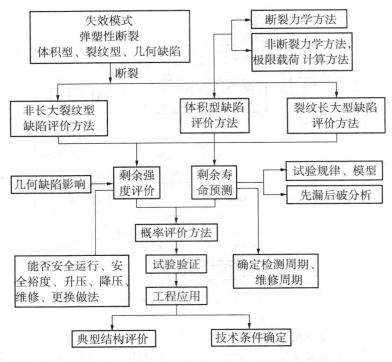

图 1 – 5　适用性评价的技术思路

含缺陷构件剩余强度评价是在缺陷检测的基础上，通过严格的理论分析、试验测试和力学计算，确定构件的最大允许工作压力（MAOP）和当前工作压力下的临界缺陷尺寸，为构件的维修和更换以及升降压操作提供依据。

含缺陷构件剩余寿命预测是在研究缺陷的动力学发展规律和材料性能退化规律的基础上，给出构件的剩余安全服役时间。剩余寿命预测结果可以为构件检测周期的制定提供科学依据。

1.3　机电类特种设备分类及其特点

机电类特种设备包括电梯、起重机械、场（厂）内专用机动车辆、客运索道、大型游乐设施等。

1. 电梯

电梯，是指动力驱动，利用沿刚性导轨运行的箱体或者沿固定线路运行的梯级（踏步），进行升降或者平行运送人、货物的机电设备，包括载人（货）电梯（图 1 – 6）、自动扶梯（图 1 – 7）、自动人行道等。非公共场所安装且仅供单一家庭使用的电梯除外。

伴随着我国经济的飞速发展和城市载体功能的不断提升，电梯作为商业、办公、住宅等建筑内部的垂直运输工具，已经成为人们日常生活中不可或缺的组成部分。近年来，我国电梯的保有量每年均以超过 20% 的速度迅速增长，电梯的年产量也已达到了世界总产量的 1/3，我国已经成为全球电梯的制造和使用大国。在给人们带来舒适与便捷的同时，因电梯而引发的人身伤亡事故也时有发生，日益突出的电梯安全问题受到了社会各界前所未有的普遍关注。

图1-6 载人(货)电梯

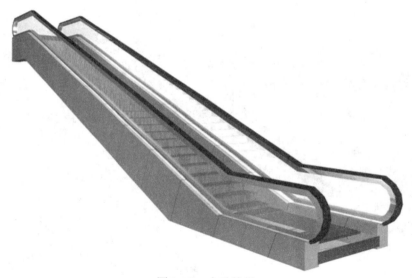

图1-7 自动扶梯

2. 起重机械

起重机械，是指用于垂直升降或者垂直升降并水平移动重物的机电设备，如图1-8所示。其范围规定为：额定起重量大于或者等于0.5 t的升降机，额定起重量大于或者等于3t(或额定起重力矩大于或者等于40 t·m的塔式起重机，或生产率大于或者等于300 t/h的装卸桥)且提升高度大于或者等于2 m的起重机，层数大于或者等于2层的机械式停车设备。

图 1 - 8　起重机械

3. 场(厂)内专用机动车辆

场(厂)内专用机动车辆,是指除道路交通、农用车辆以外仅在工厂厂区、旅游景区、游乐场所等特定区域使用的专用机动车辆(见图 1 -9)。

图 1 - 9　场(厂)内专用机动车辆

作为重物移动和大宗物料输送的重要基础设备,起重机械与场(厂)内机动车辆广泛地应用于国民经济的各个领域。随着经济的发展、产业规模的扩大,起重机械与场(厂)内机动车辆的应用范围越来越广,作用越来越大。同时,由于其本身所固有的较大危险性,以及操作不当、管理不善等原因所造成的恶性伤亡事故也时有发生,其年度事故数量已超过特种设备事故总数量的 40% ,安全形势不容乐观。

4. 客运索道

客运索道，是指动力驱动，利用柔性绳索牵引箱体等运载工具运送人员的机电设备，包括客运架空索道、客运缆车、客运拖牵索道等，如图 1 – 10 所示。非公用客运索道和专用于单位内部通勤的客运索道除外。

客运索道作为旅游观光的重要观赏、运输工具，极大地促进了旅游事业的蓬勃发展。但是，由于大多数客运索道的营运地点位置偏远、地形险峻、高度高、跨度大，一旦发生故障或事故，交通不便，救援十分困难，容易造成重大人员伤亡，社会影响极大。

图 1 – 10　客运索道

5. 大型游乐设施

大型游乐设施，是指用于经营目的、承载乘客游乐的设施，如图 1 – 11 所示的摩天轮。依据我国相关法律、法规的规定，实行国家安全监察的大型游乐设施范围为设计最大运行线速度大于或者等于 2m/s，或运行高度距地面高于或者等于 2m 的载人大型游乐设施。

游乐设施作为供人们娱乐的器械或设备，具有高度惊险、刺激和娱乐的特点，因而广受游客（特别是青少年儿童）的喜爱。然而，高惊险的同时也带来了较大的风险，一旦酿成事故，极易产生恶劣的社会影响。

机电类特种设备是国民经济和人民生活的重要基础设施，必须采取特别的监管模式，以确保安全运行。

图 1 – 11　摩天轮

1.4　特种设备事故处理法律法规

1.4.1　特种设备事故分类

1. 特别重大事故

(1)特种设备事故造成 30 人以上死亡，或者 100 人以上重伤(包括急性工业中毒，下同)，或者 1 亿元以上直接经济损失的；

(2)600MW 以上锅炉爆炸的；

(3)压力容器、压力管道有毒介质泄漏，造成 15 万人以上转移的；

(4)客运索道、大型游乐设施高空滞留 100 人以上并且时间在 48 小时以上的。

2. 重大事故

(1)特种设备事故造成 10 人以上 30 人以下死亡，或者 50 人以上 100 人以下重伤，或者 5000 万元以上 1 亿元以下直接经济损失的；

(2)600MW 以上锅炉因安全故障中断运行 240 小时以上的；

(3)压力容器、压力管道有毒介质泄漏，造成 5 万人以上 15 万人以下转移的；

(4)客运索道、大型游乐设施高空滞留 100 人以上并且时间在 24 小时以上 48 小时以下的。

3. 较大事故

(1)特种设备事故造成 3 人以上 10 人以下死亡，或者 10 人以上 50 人以下重伤，或者 1000 万元以上 5000 万元以下直接经济损失的；

(2)锅炉、压力容器、压力管道爆炸的；

(3)压力容器、压力管道有毒介质泄漏，造成 1 万人以上 5 万人以下转移的；

(4)起重机械整体倾覆的；

(5)客运索道、大型游乐设施高空滞留人员 12 小时以上的。

4. 一般事故

(1)特种设备事故造成 3 人以下死亡，或者 10 人以下重伤，或者 1 万元以上 1000 万元以下直接经济损失的；

(2)压力容器、压力管道有毒介质泄漏，造成 500 人以上 1 万人以下转移的；

(3)电梯轿厢滞留人员 2 小时以上的；

(4)起重机械主要受力结构件折断或者起升机构坠落的；

(5)客运索道高空滞留人员 3.5 小时以上 12 小时以下的；

(6)大型游乐设施高空滞留人员 1 小时以上 12 小时以下的。

除前款规定外，国务院特种设备安全监督管理部门可以对一般事故的其他情形做出补充规定。

1.4.2 特种设备事故处理规定

特种设备发生事故后，需依照国家质量监督检验检疫总局颁布的《特种设备事故报告和调查处理规定》进行处理。该规定内容如下：

第一章 总 则

第一条 为了规范特种设备事故报告和调查处理工作，及时准确查清事故原因，严格追究事故责任，防止和减少同类事故重复发生，根据《特种设备安全监察条例》和《生产安全事故报告和调查处理条例》，制定本规定。

第二条 特种设备制造、安装、改造、维修、使用(含移动式压力容器、气瓶充装)、检验检测活动中发生的特种设备事故，其报告、调查和处理工作适用本规定。

第三条 国家质量监督检验检疫总局(以下简称国家质检总局)主管全国特种设备事故报告、调查和处理工作，县以上地方质量技术监督部门负责本行政区域内的特种设备事故报告、调查和处理工作。

第四条 事故报告应当及时、准确、完整，任何单位和个人对事故不得迟报、漏报、谎报或者瞒报。

事故调查和处理工作必须坚持实事求是、客观公正、尊重科学的原则，及时、准确地查清事故经过、事故原因和事故损失，查明事故性质，认定事故责任，提出处理和整改措施，并对事故责任单位和责任人员依法追究责任。

第五条 任何单位和个人不得阻挠和干涉特种设备事故报告、调查和处理工作。

对事故报告、调查和处理中的违法行为，任何单位和个人有权向各级质量技术监督部门或者有关部门举报。接到举报的部门应当依法及时处理。

第二章 事故定义、分级和界定

第六条　本规定所称特种设备事故，是指因特种设备的不安全状态或者相关人员的不安全行为，在特种设备制造、安装、改造、维修、使用(含移动式压力容器、气瓶充装)、检验检测活动中造成的人员伤亡、财产损失、特种设备严重损坏或者中断运行、人员滞留、人员转移等突发事件。

第七条　按照《特种设备安全监察条例》的规定，特种设备事故分为特别重大事故、重大事故、较大事故和一般事故。

第八条　下列情形不属于特种设备事故：

(一)因自然灾害、战争等不可抗力引发的；

(二)通过人为破坏或者利用特种设备等方式实施违法犯罪活动或者自杀的；

(三)特种设备作业人员、检验检测人员因劳动保护措施缺失或者保护不当而发生坠落、中毒、窒息等情形的。

第九条　因交通事故、火灾事故引发的与特种设备相关的事故，由质量技术监督部门配合有关部门进行调查处理。经调查，该事故的发生与特种设备本身或者相关作业人员无关的，不作为特种设备事故。

非承压锅炉、非压力容器发生事故，不属于特种设备事故。但经本级人民政府指定，质量技术监督部门可以参照本规定组织进行事故调查处理。

房屋建筑工地和市政工程工地用的起重机械、场(厂)内专用机动车辆，在其安装、使用过程中发生的事故，不属于质量技术监督部门组织调查处理的特种设备事故。

第三章　事故报告

第十条　发生特种设备事故后，事故现场有关人员应当立即向事故发生单位负责人报告；事故发生单位的负责人接到报告后，应当于1小时内向事故发生地的县以上质量技术监督部门和有关部门报告。

情况紧急时，事故现场有关人员可以直接向事故发生地的县以上质量技术监督部门报告。

第十一条　接到事故报告的质量技术监督部门，应当尽快核实有关情况，依照《特种设备安全监察条例》的规定，立即向本级人民政府报告，并逐级报告上级质量技术监督部门直至国家质检总局。质量技术监督部门每级上报的时间不得超过2小时。必要时，可以越级上报事故情况。

对于特别重大事故、重大事故，由国家质检总局报告国务院并通报国务院安全生产监督管理等有关部门。对较大事故、一般事故，由接到事故报告的质量技术监督部门及时通报同级有关部门。

对事故发生地与事故发生单位所在地不在同一行政区域的，事故发生地质量技术监督部门应当及时通知事故发生单位所在地质量技术监督部门。事故发生单位所在地质量技术监督部门应当做好事故调查处理的相关配合工作。

第十二条　报告事故应当包括以下内容：

(一)事故发生的时间、地点、单位概况以及特种设备种类；

(二)事故发生初步情况，包括事故简要经过、现场破坏情况、已经造成或者可能造成的伤亡和涉险人数、初步估计的直接经济损失、初步确定的事故等级、初步判断的事故原因；

（三）已经采取的措施；

（四）报告人姓名、联系电话；

（五）其他有必要报告的情况。

第十三条　质量技术监督部门逐级报告事故情况，应当采用传真或者电子邮件的方式进行快报，并在发送传真或者电子邮件后予以电话确认。

特殊情况下可以直接采用电话方式报告事故情况，但应当在 24 小时内补报文字材料。

第十四条　报告事故后出现新情况的，以及对事故情况尚未报告清楚的，应当及时逐级续报。

续报内容应当包括：事故发生单位详细情况、事故详细经过、设备失效形式和损坏程度、事故伤亡或者涉险人数变化情况、直接经济损失、防止发生次生灾害的应急处置措施和其他有必要报告的情况等。

自事故发生之日起 30 日内，事故伤亡人数发生变化的，有关单位应当在发生变化的当日及时补报或者续报。

第十五条　事故发生单位的负责人接到事故报告后，应当立即启动事故应急预案，采取有效措施，组织抢救，防止事故扩大，减少人员伤亡和财产损失。

质量技术监督部门接到事故报告后，应当按照特种设备事故应急预案的分工，在当地人民政府的领导下积极组织开展事故应急救援工作。

第十六条　对本规定第八条、第九条规定的情形，各级质量技术监督部门应当作为特种设备相关事故信息予以收集，并参照本规定逐级上报直至国家质检总局。

第十七条　各级质量技术监督部门应当建立特种设备应急值班制度，向社会公布值班电话，受理事故报告和事故举报。

第四章　事故调查

第十八条　发生特种设备事故后，事故发生单位及其人员应当妥善保护事故现场以及相关证据，及时收集、整理有关资料，为事故调查做好准备；必要时，应当对设备、场地、资料进行封存，由专人看管。

因抢救人员、防止事故扩大以及疏通交通等原因，需要移动事故现场物件的，负责移动的单位或者相关人员应当做出标志，绘制现场简图并做出书面记录，妥善保存现场重要痕迹、物证。有条件的，应当现场制作视听资料。

事故调查期间，任何单位和个人不得擅自移动事故相关设备，不得毁灭相关资料、伪造或者故意破坏事故现场。

第十九条　质量技术监督部门接到事故报告后，经现场初步判断，发现不属于或者无法确定为特种设备事故的，应当及时报告本级人民政府，由本级人民政府或者其授权或者委托的部门组织事故调查组进行调查。

第二十条　依照《特种设备安全监察条例》的规定，特种设备事故分别由以下部门组织调查：

（一）特别重大事故由国务院或者国务院授权的部门组织事故调查组进行调查；

（二）重大事故由国家质检总局会同有关部门组织事故调查组进行调查；

（三）较大事故由事故发生地省级质量技术监督部门会同省级有关部门组织事故调查组进行调查；

（四）一般事故由事故发生地设区的市级质量技术监督部门会同市级有关部门组织事故调查组进行调查。

根据事故调查处理工作的需要，负责组织事故调查的质量技术监督部门可以依法提请事故发生地人民政府及有关部门派员参加事故调查。

负责组织事故调查的质量技术监督部门应当将事故调查组的组成情况及时报告本级人民政府。

第二十一条　根据事故发生情况，上级质量技术监督部门可以派员指导下级质量技术监督部门开展事故调查处理工作。

自事故发生之日起30日内，因伤亡人数变化导致事故等级发生变化的，依照规定应当由上级质量技术监督部门组织调查的，上级质量技术监督部门可以会同本级有关部门组织事故调查组进行调查，也可以派员指导下级部门继续进行事故调查。

第二十二条　事故调查组成员应当具有特种设备事故调查所需要的知识和专长，与事故发生单位及相关人员不存在任何利害关系。事故调查组组长由负责事故调查的质量技术监督部门负责人担任。

必要时，事故调查组可以聘请有关专家参与事故调查；所聘请的专家应当具备5年以上特种设备安全监督管理、生产、检验检测或者科研教学工作经验。设区的市级以上质量技术监督部门可以根据事故调查的需要，组建特种设备事故调查专家库。

根据事故的具体情况，事故调查组可以内设管理组、技术组、综合组，分别承担管理原因调查、技术原因调查、综合协调等工作。

第二十三条　事故调查组应当履行下列职责：

（一）查清事故发生前的特种设备状况；

（二）查明事故经过、人员伤亡、特种设备损坏、经济损失情况以及其他后果；

（三）分析事故原因；

（四）认定事故性质和事故责任；

（五）提出对事故责任者的处理建议；

（六）提出防范事故发生和整改措施的建议；

（七）提交事故调查报告。

第二十四条　事故调查组成员在事故调查工作中应当诚信公正、恪尽职守，遵守事故调查组的纪律，遵守相关秘密规定。

在事故调查期间，未经负责组织事故调查的质量技术监督部门和本级人民政府批准，参与事故调查、技术鉴定、损失评估等有关人员不得擅自泄露有关事故信息。

第二十五条　对无重大社会影响、无人员伤亡、事故原因明晰的特种设备事故，事故调查工作可以按照有关规定适用简易程序；在负责事故调查的质量技术监督部门商同级有关部门，并报同级政府批准后，由质量技术监督部门单独进行调查。

第二十六条　事故调查组可以委托具有国家规定资质的技术机构或者直接组织专家进行技术鉴定。接受委托的技术机构或者专家应当出具技术鉴定报告，并对其结论负责。

第二十七条　事故调查组认为需要对特种设备事故进行直接经济损失评估的，可以委托具有国家规定资质的评估机构进行。

直接经济损失包括人身伤亡所支出的费用、财产损失价值、应急救援费用、善后处理费用。

接受委托的单位应当按照相关规定和标准进行评估，出具评估报告，对其结论负责。

第二十八条 事故调查组有权向有关单位和个人了解与事故有关的情况，并要求其提供相关文件、资料。有关单位和个人不得拒绝，并应当如实提供特种设备及事故相关的情况或者资料，回答事故调查组的询问，对所提供情况的真实性负责。

事故发生单位的负责人和有关人员在事故调查期间不得擅离职守，应当随时接受事故调查组的询问，如实提供有关情况或者资料。

第二十九条 事故调查组应当查明引发事故的直接原因和间接原因，并根据对事故发生的影响程度认定事故发生的主要原因和次要原因。

第三十条 事故调查组根据事故的主要原因和次要原因，判定事故性质，认定事故责任。

事故调查组根据当事人行为与特种设备事故之间的因果关系以及在特种设备事故中的影响程度，认定当事人所负的责任。当事人所负的责任分为全部责任、主要责任和次要责任。

当事人伪造或者故意破坏事故现场、毁灭证据、未及时报告事故等，致使事故责任无法认定的，应当承担全部责任。

第三十一条 事故调查组应当向组织事故调查的质量技术监督部门提交事故调查报告。事故调查报告应当包括下列内容：

（一）事故发生单位情况；

（二）事故发生经过和事故救援情况；

（三）事故造成的人员伤亡、设备损坏程度和直接经济损失；

（四）事故发生的原因和事故性质；

（五）事故责任的认定以及对事故责任者的处理建议；

（六）事故防范和整改措施；

（七）有关证据材料。

事故调查报告应当经事故调查组全体成员签字。事故调查组成员有不同意见的，可以提交个人签名的书面材料，附在事故调查报告内。

第三十二条 特种设备事故调查应当自事故发生之日起60日内结束。特殊情况下，经负责组织调查的质量技术监督部门批准，事故调查期限可以适当延长，但延长的期限最长不超过60日。

技术鉴定时间不计入调查期限。

因事故抢险救灾无法进行事故现场勘察的，事故调查期限从具备现场勘察条件之日起计算。

第三十三条 事故调查中发现涉嫌犯罪的，负责组织事故调查的质量技术监督部门商有关部门和事故发生地人民政府后，应当按照有关规定及时将有关材料移送司法机关处理。

第五章 事故处理

第三十四条 依照《特种设备安全监察条例》的规定，省级质量技术监督部门组织的事故调查，其事故调查报告报省级人民政府批复，并报国家质检总局备案；市级质量技术监督部门组织的事故调查，其事故调查报告报市级人民政府批复，并报省级质量技术监督部门备案。

国家质检总局组织的事故调查，事故调查报告的批复按照国务院有关规定执行。

第三十五条　组织事故调查的质量技术监督部门应当在接到批复之日起 10 日内，将事故调查报告及批复意见主送有关地方人民政府及其有关部门，送达事故发生单位、责任单位和责任人员，并抄送参加事故调查的有关部门和单位。

第三十六条　质量技术监督部门及有关部门应当按照批复，依照法律、行政法规规定的权限和程序，对事故责任单位和责任人员实施行政处罚，对负有事故责任的国家工作人员进行处分。

第三十七条　事故发生单位应当落实事故防范和整改措施。防范和整改措施的落实情况应当接受工会和职工的监督。

事故发生地质量技术监督部门应当对事故责任单位落实防范和整改措施的情况进行监督检查。

第三十八条　特别重大事故的调查处理情况由国务院或者国务院授权组织事故调查的部门向社会公布，特别重大事故以下等级的事故的调查处理情况由组织事故调查的质量技术监督部门向社会公布；依法应当保密的除外。

第三十九条　事故调查的有关资料应当由组织事故调查的质量技术监督部门立档永久保存。

立档保存的材料包括现场勘察笔录、技术鉴定报告、重大技术问题鉴定结论和检测检验报告、尸检报告、调查笔录、物证和证人证言、直接经济损失文件、相关图纸、视听资料、事故调查报告、事故批复文件等。

第四十条　组织事故调查的质量技术监督部门应当在接到事故调查报告批复之日起 30 日内撰写事故结案报告，并逐级上报直至国家质检总局。

上报事故结案报告，应当同时附事故档案副本或者复印件。

第四十一条　负责组织事故调查的质量技术监督部门应当根据事故原因对相关安全技术规范、标准进行评估；需要制定或者修订相关安全技术规范、标准的，应当及时报告上级部门提请制定或者修订。

第四十二条　各级质量技术监督部门应当定期对本行政区域特种设备事故的情况、特点、原因进行统计分析，根据特种设备的管理和技术特点、事故情况，研究制定有针对性的工作措施，防止和减少事故的发生。

第四十三条　省级质量技术监督部门应在每月 25 日前和每年 12 月 25 日前，将所辖区域本月、本年特种设备事故情况、结案批复情况及相关信息，以书面方式上报至国家质检总局。

第六章　法律责任

第四十四条　发生特种设备特别重大事故，依照《生产安全事故报告和调查处理条例》的有关规定实施行政处罚和处分；构成犯罪的，依法追究刑事责任。

第四十五条　发生特种设备重大事故及其以下等级事故的，依照《特种设备安全监察条例》的有关规定实施行政处罚和处分；构成犯罪的，依法追究刑事责任。

第四十六条　发生特种设备事故，有下列行为之一，构成犯罪的，依法追究刑事责任；构成有关法律法规规定的违法行为的，依法予以行政处罚；未构成有关法律法规规定的违法行为的，由质量技术监督部门等处以 4000 元以上 2 万元以下的罚款：

（一）伪造或者故意破坏事故现场的；

（二）拒绝接受调查或者拒绝提供有关情况或者资料的；

（三）阻挠、干涉特种设备事故报告和调查处理工作的。

第七章 附 则

第四十七条 本规定所涉及的事故报告、调查协调、统计分析等具体工作，负责组织事故调查的质量技术监督部门可以委托相关特种设备事故调查处理机构承担。

第四十八条 本规定由国家质检总局负责解释。

第四十九条 本规定自公布之日起施行，2001 年 9 月 17 日国家质检总局发布的《锅炉压力容器压力管道特种设备事故处理规定》同时废止。

2 失效模式与基本实验技术

大量的失效安全事故表明，导致结构失效所涉及的因素主要包括材料物理性能、材料质量、微/宏观缺陷以及结构设计，分析失效的原因可具体从这些方面入手。本章介绍常见失效模式，简要阐述失效分析的步骤与方法。从断口分析、金相分析、材料及力学几个方面分析导致失效的原因及特征。

2.1 常见失效模式

机械零件的失效形式是多种多样的，为了便于对失效现象进行研究和处理，人们从不同的角度对失效进行了分类。

2.1.1 按照产品失效的形态对失效进行分类

在工程上，通常按照产品失效后的外部形态将失效分为过量变形、断裂及表面损伤三类，具体的分类如表2-1所示。这种分类方法便于将失效的形式与失效的原因结合起来，也便于在工程上进行更进一步的分析研究，因此是工程上较常用的方法。在一般情况下，习惯将工程结构件的失效分为断裂、磨损与腐蚀三大类，这种分类方法便于从失效模式上对失效件进行更深入的分析和理解。

表2-1 失效模式分类及失效直接原因

序号	失效类型	失效形式	直接原因
1	过量变形失效	a. 扭曲 b. 拉长 c. 胀大超限 d. 高低温下蠕变 e. 弹性元件发生永久变形	由于在一定载荷条件下发生过量变形，零件失去应有功能，不能正常使用
2	断裂失效	a. 一次加载断裂（如拉伸、冲击、持久力等）	由于载荷或应力强度超过当时材料的承载能力而引起
		b. 环境介质引起的断裂（应力腐蚀、氢脆、液态金属脆化、辐照脆化和腐蚀疲劳等）	由于环境介质、应力共同作用引起的低应力脆断
		c. 疲劳断裂：低周疲劳、高周疲劳、弯曲、扭转、接触、拉-拉、拉-压、复合载荷谱疲劳与热疲劳、高温疲劳等	由于周期（交变）作用力引起的低应力破坏

序号	失效类型	失效形式	直接原因
3	表面损伤失效	a. 磨损：主要引起几何尺寸上的变化和表面损伤（发生在有相对运动的表面），主要有黏着磨损和磨粒磨损	由于两物体接触表面在接触应力下有相对运动，造成材料流失所引起的一种失效形式
		b. 腐蚀：氧化腐蚀和电化学腐蚀，冲蚀、气蚀、磨蚀等；局部腐蚀和均匀腐蚀	环境气氛的化学和电化学作用引起

断裂是机械零件失效最常见的危害最大的一种形式。关于断裂失效的分类，又有许多不同的方式，且常有交叉和混乱现象，这主要是因为人们基于不同的研究目的以及区分的角度不同。常见的断裂分类有：

（1）力学工作者根据断裂时变形量的大小，将断裂失效分为脆性断裂和延性断裂。

（2）从事金相学研究的人员，通常按裂纹走向与金相组织（晶粒）的关系，将断裂失效分为穿晶断裂和沿晶断裂。

（3）金属物理工作者通常着眼于断裂机制与形貌的研究，因此习惯上对断裂的失效做如下分类：①按断裂机制进行分类，可分为微孔型断裂、解理型（准解理型）断裂、沿晶断裂及疲劳断裂等；②按断口的宏观形貌分类，可分为纤维状、结晶状、细瓷状、贝壳状、木纹状、人字形和杯锥状等；③按断口的微观形貌分类，可分为微孔状、冰糖状、河流花样、台阶、舌状、扇形花样、蛇形花样、龟板状、泥瓦状和辉纹等。该分类方法的优点是，详细地揭示了断裂的微观过程，有助于断裂机制的研究。

（4）工程技术人员习惯于按加工工艺或产品类别对断裂（裂纹）进行分类：①按加工工艺分类，有铸件断裂、锻件断裂、磨削裂纹、焊接裂纹和淬火裂纹等；②按产品类别分类，有轴件断裂、齿轮断裂、连接件断裂、压力容器断裂和弹簧断裂等。这种分类方法的优点主要是便于生产管理，有利于分清技术责任。

（5）失效分析工作者通常从致断原因（断裂机理或断裂模式）的角度出发，将机械零件的断裂失效分为如下几种类型：①过载断裂失效；②疲劳断裂失效；③材料脆性断裂失效；④环境诱发断裂失效；⑤混合断裂失效。

2.1.2 根据失效的诱发因素对失效进行分类

失效的诱发因素包括力学因素、环境因素和时间因素（非独立因素）三个方面。根据失效的诱发因素对失效进行分类，可分为：

机械力引起的失效，包括弹性变形、塑性变形、断裂、疲劳和剥落等。

热应力引起的失效，包括蠕变、热松弛、热冲击、热疲劳和蠕变疲劳等。

摩擦力引起的失效，包括黏着磨损、磨粒磨损、表面疲劳磨损、冲击磨损、微动磨损和咬合等。

活性介质引起的失效，包括化学腐蚀、电化学腐蚀、应力腐蚀、腐蚀疲劳、生物腐蚀、辐照腐蚀和氢致损伤等。

2.2 失效分析实验技术

失效分析首先必须遵循先宏观后微观、先无损后解剖、先测试后验证等基本原则。

失效分析类似中医理论中的望、闻、问、切，主要过程是利用人类的感官与理论知识推测事故发生的原因和过程。

"望"涉及宏观与微观两个方面。宏观方面主要使用肉眼观察，借助照相机、放大镜、体式显微镜观察等方法。宏观观察一般可以实现如下目的：①判断失效类型，确认失效属于断裂、腐蚀、磨损、变形中的哪一类；②查找缺陷的规律性，尤其批量问题产品，须对缺陷产生的位置、数量，缺陷的形貌、尺寸进行统计、类比；③检查产品结构的合理性，如是否存在尖角、凹槽、粗加工刀痕等应力集中现象及尺寸突变等设计缺陷；④初步确定"失效源"位置，可根据断口和裂纹等综合判定；⑤检查源区及其附近区域是否存在腐蚀、碰伤、磨损等异常现象；⑥根据产品结构和断口形貌大致判断产品承受的载荷类型和载荷大小；⑦对服役过程中与失效件匹配的零部件进行排查。微观方面则主要使用金相显微镜、扫描电子显微镜、透射电子显微镜来观察，欲达到的目的如下：①显微组织分析，包括原材料洁净度、热处理组织、成分偏析、带状、流线、碳化物、异常组织等，还可结合生产工艺确定裂纹性质及其形成的阶段；②微观形貌分析，主要包括表面形貌和断口形貌等；③亚显微结构观察。

"闻"主要涉及成分和物相的检查，包括：①检查失效件化学成分是否满足相关标准要求，牌号是否正确；②对与失效件相关的异物进行能谱分析，并判断其来源；③判断元素以何种形式的物相存在。

"问"即询问、咨询，是背景材料搜集的重要途径，欲达到的目的如下：

（1）了解失效件的整个制造过程，包括设计，选材，冷、热加工，表面加工，装配和调试等。

（2）熟悉失效件的工艺历史：①冷加工，包括切削加工、拉压弯扭、研磨、矫直等；②热加工，包括铸造、锻造、热处理、焊接、补焊等；③表面加工，包括电镀、喷涂、喷丸、抛丸、清洗、防锈等。

（3）获悉失效件服役前的经历，如装配、包装、贮存、运输、安装、调试等。

（4）收集失效件工作历史过程中的重要信息，尤其以下几个方面：①反常载荷；②偶然的过载荷；③循环载荷；④温度、湿度变化；⑤腐蚀介质；⑥载荷类型；⑦与失效件配合的零部件情况等。

（5）失效信息的收集。例如，是由于油温、水温过高报警，还是由于振动报警，抑或电压、电流跳动，紧急制动或其他方面，即如何发现失效。

"切"可根据有无破坏分两部分。其一为无损检测。众所周知，无损检测主要包括磁粉检测、超声检测、射线检测、渗透检测、涡流检测等，每一种类型的缺陷均有各自最适宜的无损检测方法。其二为破坏性试验，主要包括：①力学性能检查；②原材料低倍检查；③金相分析；④模拟及试验验证；⑤残余应力测试等。

综上所述，针对失效件的复杂程度选用适宜的望、闻、问、切方法进行综合诊断，并提出可靠性意见，即完成失效分析过程。

2.3　断口分析

断口是试样或机械零部件发生断裂后形成的表面。断口记录了材料断裂的整个过程，是研究结构件断裂原因的重要材料。断口分析是指基于断口学理论对结构件断裂的原因、过程进行科学判断。断口的形貌、色泽、粗糙度、裂纹扩展途径与结构断裂时的应力状态、材料性质和时间相关。断口分析在分析结构失效过程中有着十分重要的作用。

2.3.1　断口分析对于失效分析的意义

结构件的失效常伴随断口产生，分析断口特征能准确判断结构件断裂的原因。断口是断裂失效（事故）的主要残骸，也是断裂失效分析的物证。断口特征包含了裂纹扩展的整个过程，因此，断口分析是疲劳失效和强度失效原因判定的重要手段。

断裂失效分析可分为残骸分析、参数分析和资料分析。残骸分析包括断口分析、裂纹分析、痕迹分析。参数分析包括力学、环境、材料性能等参数的分析。在各种断裂失效分析的方法中，断口分析是最主要的方法。断口记录了材料在载荷与环境作用下发生的不可逆变形、裂纹萌生和扩展至断裂的全过程。断面的形成不仅与材料的成分、组织及试样或零件的结构有关，而且与失效过程中的受力状态和环境有关。断口中携带的信息是可以进行理论分析的。

从断口上可以了解许多有关加载类型和大小的信息。结构件的设计通常考虑在使用过程中可能承受的载荷。如果从断口特征上判断断裂的类型与设计预期不符，就要重新设计。机械失效中最常见的是反复循环加载下的疲劳断裂，断口上宏观的疲劳弧线和微观的疲劳条带是循环加载状态的充分条件。然而没有出现疲劳条带不能理解为结构件不受循环载荷，因为疲劳条带经常被腐蚀物所掩盖或者消除，也可能在结构反复运行的过程中磨损。

通过断口分析可以定性地分析载荷大小。比如，若材料发生明显的塑性变形或者局部畸变，则说明材料承受较高应力，为屈服性断裂。在疲劳断口上，若疲劳扩展区面积比例小而最终瞬断区面积比例大，并且疲劳条带间距较宽，则循环载荷应为较高载荷；相反，若疲劳扩展区面积比例大而最终瞬断区面积比例小，并且疲劳条带间距窄，则循环载荷为较低载荷。

可以说，所有结构件都在一定的环境下工作，断裂过程都会受到环境的影响，有时环境因素成为断裂的主导因素。通常一些断口上可以发现环境作用的痕迹。对于腐蚀造成的断裂失效，最明显而又简单的一种方法就是对断口表面成分进行分析，由此可以得知结构件工作的环境介质。常温韧性材料发生脆性断裂可能是因为使用环境温度低。疲劳断口上二次裂纹较多且氧化严重，是交变应力和高温共同作用的结果。

2.3.2　断口分析理论基础

断裂力学是断口分析的理论基础，是近年来发展起来的一门新兴学科，它应用力学原理来分析含有缺陷的材料及其破坏问题。

2.3.2.1　线弹性断裂力学

线弹性断裂力学理论是断裂力学中最简单也是最基本的理论，其研究基础是线弹性理论，研究对象是理想的线弹性体即服从胡克定律的材料。它主要从两个角度分析裂纹体的力学性能：一个是通过分析含有裂纹体的应力应变场，得到表征裂纹尖端应力应变场强度的特征参数——应力强度因子 K；另一个是从能量的观点出发，考察裂纹扩展过程中能量的变化，得到表征裂纹扩展的能量变化的参数——能量释放率 G。

1. 应力强度因子理论

1）裂纹的三种开裂方式

对于同一裂纹，由于外力的施加方式不同，会产生不同的开裂形式。如图 2-1 所示，三块板有相同的平行于上下板边的边界裂纹。图 2-1a 所示受拉伸面力 σ，σ 的作用方向与裂纹表面垂直，在 σ 的作用下裂纹两个表面将相对张开，因此称这种开裂形式为张开型，简称 I 型；图 2-1b 所示受面内剪力 τ，τ 的作用方向与裂纹表面平行，在 τ 的作用下裂纹两表面将作相对滑移，因此称这种开裂形式为滑开型，简称 II 型；图 2-1c 所示受面外剪力 τ，τ 的作用方向与裂纹表面平行，但与裂纹线垂直，在 τ 的作用下裂纹表面将相对撕开，因此称这种开裂形式为撕开型，简称 III 型。

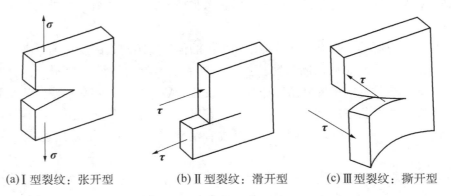

(a) I 型裂纹：张开型　　　　(b) II 型裂纹：滑开型　　　　(c) III 型裂纹：撕开型

图 2-1　裂纹的三种开裂形式

2）裂纹尖端应力场

图 2-2 所示为一具有中心穿透的无限大平板。板的长度和宽度都为无限大，中心穿透裂纹的长度为 $2a$，裂纹位于 x 轴上，在离裂纹足够远处沿 x 方向和 y 方向有均布的拉应力 σ 作用。这就是 Westergaard 在 1939 年提出的关于脆性材料断裂问题的第一力学模型。

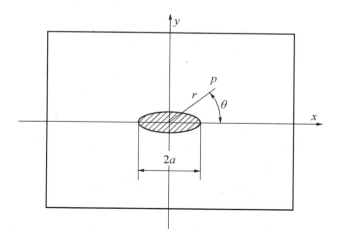

图 2 - 2 具有中心穿透的无限大平板

应用弹性力学的基本方程，采用 Westergaard 应力函数，并联系该力学模型的边界条件，就可以解出该力学问题的应力解。结果表明，在裂纹尖端附近($r \ll a$)任一点 $p(r,\theta)$ 处的应力近似解对应三种基本开裂类型。

Ⅰ 型

$$
\left.
\begin{aligned}
\sigma_x &= \frac{\sigma\sqrt{\pi a}}{\sqrt{2\pi r}} \cos\frac{\theta}{2}\left(1 - \sin\frac{\theta}{2}\sin\frac{3\theta}{2}\right), \\
\sigma_y &= \frac{\sigma\sqrt{\pi a}}{\sqrt{2\pi r}} \cos\frac{\theta}{2}\left(1 + \sin\frac{\theta}{2}\sin\frac{3\theta}{2}\right), \\
\tau_{xy} &= \frac{\sigma\sqrt{\pi a}}{\sqrt{2\pi r}} \cos\frac{\theta}{2}\sin\frac{\theta}{2}\sin\frac{3\theta}{2}, \\
\sigma_z &= \begin{cases} \dfrac{\sigma\sqrt{\pi a}}{\sqrt{2\pi r}}\,\nu\cos\dfrac{\theta}{2}\,(\text{平面应变}) \\ 0\,(\text{平面应力}) \end{cases}
\end{aligned}
\right\}
\tag{2 - 1}
$$

Ⅱ 型：

$$
\left.
\begin{aligned}
\sigma_x &= -\frac{\tau\sqrt{\pi a}}{\sqrt{2\pi r}} \sin\frac{\theta}{2}\left(2 + \cos\frac{\theta}{2}\cos\frac{3\theta}{2}\right), \\
\sigma_y &= \frac{\tau\sqrt{\pi a}}{\sqrt{2\pi r}} \sin\frac{\theta}{2}\cos\frac{\theta}{2}\cos\frac{3\theta}{2}, \\
\tau_{xy} &= \frac{\tau\sqrt{\pi a}}{\sqrt{2\pi r}} \cos\frac{\theta}{2}\left(1 - \sin\frac{\theta}{2}\sin\frac{3\theta}{2}\right), \\
\sigma_z &= \begin{cases} -2\nu\,\dfrac{\tau\sqrt{\pi a}}{\sqrt{2\pi r}}\sin\dfrac{\theta}{2}\,(\text{平面应变}) \\ 0\,(\text{平面应力}) \end{cases}
\end{aligned}
\right\}
\tag{2 - 2}
$$

Ⅲ型：

$$
\left.
\begin{aligned}
\tau_{xz} &= -\frac{\tau\sqrt{\pi a}}{\sqrt{2\pi r}}\sin\frac{\theta}{2}, \\
\tau_{yz} &= -\frac{\tau\sqrt{\pi a}}{\sqrt{2\pi r}}\cos\frac{\theta}{2}, \\
\sigma_x &= \sigma_y = \sigma_z = \tau_{xy} = 0\,。
\end{aligned}
\right\}
\tag{2-3}
$$

式中，ν 为泊松比。上述解只适用于裂尖附近，对于 r 取值较大直到远边界都是不适用的。在分量表达式中包含了 $r^{-\frac{1}{2}}$ 项，这就使得当 $r\to0$ 时各分量均趋于无穷大。这是裂尖附近弹性场的一个重要性质，称为应力应变对 r 有奇异性，或称这个场为奇异性场。

3）应力强度因子

由Ⅰ、Ⅱ、Ⅲ型裂纹尖端的应力场表达式（2-1）式至式（2-3）可以看出，每一个表达式中都包含了一个常数因子 $\sigma\sqrt{\pi a}$。Irwin 把它定义为裂纹尖端应力强度因子，以 K 表示。

我们可以把Ⅰ型的应力分量改写为通式

$$
\sigma_{ij} = \sigma\sqrt{\pi a}\cdot\frac{1}{\sqrt{2\pi r}}\cdot f_{ij}(\theta)\,。
\tag{2-4}
$$

可以看出，第一部分 $\sigma\sqrt{\pi a}$ 是一个与外力、裂纹有关的常参量；第二部分 $\dfrac{1}{\sqrt{2\pi r}}$ 表现了场的奇异性，是应力按极径 r 进行分布的函数因子；第三部分 $f_{ij}(\theta)$ 是表示应力按 θ 进行分布的函数因子。可以定性地认为裂纹尖端应力强度因子 K 表征了受力裂纹的特征，表征了裂纹尖端附近应力应变弹性场的强度。同时，应力强度因子控制了裂尖附近的整个弹性场，不只是表示应力应变的大小，而且还表征了整个场的能量，有力和能的共同含义。

应力强度因子 K 的表达式一般由三部分组成，可用如下公式表示：

$$
K = Y\cdot\sigma\cdot\sqrt{\pi r}\,。
\tag{2-5}
$$

式（2-5）即为一般裂纹体的应力强度因子表达式，其中 Y 为与裂纹体的几何边界有关的修正系数，一般 $Y\geqslant1$，通过计算或查阅有关手册而得。几种常见的 Y 因子值如表2-2所示。

表2-2　几种常见的 Y 因子值

Y	情　况
1.0	无限宽板，中心穿透裂纹，远处均匀拉伸
1.12	半无限宽板，边缘裂纹，埃尔富特处均匀拉伸
$2/\pi$	无限大体，半径为 a 的内埋圆盘裂纹，远处均匀拉伸
$\sqrt{\sec\dfrac{\pi a}{W}}$	有限宽板，中心穿透裂纹，远处均匀拉伸

对具有中心穿透裂纹的无限大平板中的Ⅰ型裂纹、Ⅱ型裂纹、Ⅲ型裂纹，由表2-2可见 $Y=1$，故它们的应力强度因子表达式分别为

$$\left.\begin{array}{l}K_1 = \sigma \cdot \sqrt{\pi r}, \\ K_2 = \tau \cdot \sqrt{\pi r}, \\ K_3 = \tau \cdot \sqrt{\pi r}。\end{array}\right\} \qquad (2-6)$$

由以上分析可知，应力强度因子 K 的决定因素有外力的大小、加载方式、裂纹的大小、裂纹的形状、构件的几何形状和尺寸。

K 的量纲为 $[$应力$] \cdot [$长度$]^{\frac{1}{2}}$，K 的国际制单位一般为 $MPa \cdot \sqrt{m}$（兆帕·米$^{\frac{1}{2}}$）。

在线弹性条件下裂纹尖端的应力强度因子决定着一个受载裂纹的性状，这就使解决线弹性断裂力学问题的工作在一定程度上集中在应力强度因子的确定上。应力强度因子的计算方法大体可分为两种：一种是理论计算方法；另一种是实验方法。理论计算方法分为解析法和数值分析法。

解析法一般常用的有复变函数法、积分变换法等。数值分析法常用的有边界配置法、加权函数法、能量变分法、有限元素法、边界元素法等。试验方法可分为直接法和间接法。直接法是用试验手段测出裂尖附近的应力、应变或位移，然后再利用这些量与应力强度因子 K 之间的解析关系定出 K；间接法是用试验方法测出裂纹的能量释放率 G，然后根据 G 和应力强度因子 K 的解析关系确定 K。

2. 能量理论

应力强度因子理论研究含裂弹性构件的方法是着眼于裂尖附近的应力形态，取这个区域应力应变场中的常参量 K 来表示裂纹的特征，从而建立断裂准则。而能量理论则是从能量观点出发讨论裂纹扩展构件的能量变化，找出裂纹扩展过程中消耗能量和提供能量之间的平衡关系，以受力构件所能提供的能量作为判断参量，建立断裂准则。

Griffith 理论及 Irwin 和 Orowan 对它的修正都属于能量理论的范畴。

我们知道，裂纹拓展所需要的能量不仅仅是破坏原子键的表面功能，还要包括远大于表面能所提供的塑性变形功，以 U_p 表示。

Irwin 和 Orowan 各自独立地提出，对韧性（如金属）材料，令裂纹扩展所需要的能 W 由表面能 $2\alpha\gamma$ 和塑性功 U_p 组成，即

$$W = 2\alpha\gamma + U_p,$$

则

$$\frac{dW}{d\alpha} = 2\gamma + \frac{U_p}{d\alpha}。$$

如前所述，$\frac{U_p}{d\alpha}$ 比 2γ 要大 $2\sim3$ 个数量级，因此可以近似认为

$$\frac{dW}{d\alpha} = \frac{U_p}{d\alpha}。$$

于是，对韧性材料来说，裂纹扩展的能量平衡条件为

$$\frac{dU}{d\alpha} = \frac{dU_p}{d\alpha}。$$

令系统的总势能为 Π，扩展 $d\alpha$ 造成总势能的减少量为 $d\Pi$，外力功为 dF，弹性势能增量为 dU，试件的厚度为 B，则有

$$- \mathrm{d}\Pi = \mathrm{d}F - \mathrm{d}U。$$

以 G 表示提供裂纹扩展单位面积的能量，有

$$G = -\frac{1}{B}\frac{\mathrm{d}\Pi}{\mathrm{d}\alpha} = \frac{1}{B}\frac{\mathrm{d}F}{\mathrm{d}\alpha} - \frac{1}{B}\frac{\mathrm{d}U}{\mathrm{d}\alpha}。$$

G 称为能量释放率，它定义为：裂纹扩展单位面积时系统能量释放量，或为裂纹扩展单位长度时的扩展力。

裂纹扩展单位面积时所需要的能量以 R 表示，有

$$R = 2\gamma + \frac{1}{B}\frac{\mathrm{d}U_{\mathrm{p}}}{\mathrm{d}\alpha}。$$

R 也称为裂纹扩展阻力，它定义为：裂纹拓展单位面积时系统能量散逸量，或为裂纹扩展单位长度时材料对扩展的阻力。

在位移恒定时，能量释放率可以写成

$$G = -\frac{1}{B}\frac{\mathrm{d}U}{\mathrm{d}\alpha}。$$

上述两种情况可以统一写成

$$G = -\frac{1}{B}\left(\frac{\mathrm{d}U}{\mathrm{d}\alpha}\right)_{\Delta} = \frac{1}{B}\left(\frac{\mathrm{d}U}{\mathrm{d}\alpha}\right)_{\mathrm{P}},$$

下标 Δ 表示在裂纹拓展过程中位移是恒定的，下标 P 表示在裂纹扩展过程中载荷是恒定的。

裂纹扩展的平衡条件为

$$G = R。$$

2.3.3　断口分析思路与技术

断口分析的思路是在具体的断裂失效分析时的一个比较深刻周到的思考方法，是指导断裂失效分析过程的思维路线。由断裂失效分析思路所确定的程序和步骤既严密又不繁琐，既高效率又无遗漏，保证分析出发点正确，不会导致错误结论。科学的断裂失效分析思路能够指导我们减少工作中的盲目性、片面性和主观随意性，使我们能够准确、快速地分析断裂失效，找到断裂失效的原因并提出切实可行的预防措施。

下面介绍几种常见的断裂失效分析思路。

1. 根据断裂分类的分析思路

断裂的分类如图 2 - 3 所示。

根据断裂的分类，可以把它们当作数学集合中的不同集合和不同子集中的元素，然后逐个消去不包含的集合和子集，找出属于某种断裂类型的机理，再进一步找到引起断裂的原因。

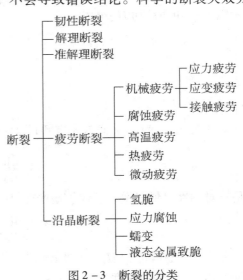

图 2 - 3　断裂的分类

2. 根据断裂失效的强度分析思路

导致断裂的原因不外乎两个因素，即材料抗力过大或载荷动力过大。因此，断裂失效强度分析思路关键是找寻构件本身的异常情况和构件服役的非正常条件。

制造构件的材料的性能是千差万别的，即使同一个钢号，采用不同的强化工艺，如热处理、化学处理、冷热变形硬化等，会导致材料的组织及内应力等发生变化，表现出不同的性能。例如，改变回火温度，可以在很大范围内改变材料的强度、塑性、韧性等指标，著名的回火脆性就是一个很好的例子。对于不同的材料或相同材料，由于成分不同，各自都有最佳的强化工艺。需要注意的是，某些热处理工艺参数和处理程度，对构件的性能也有一定的影响。

构件的形状和尺寸因素都在影响着应力状态，缺口的尖锐程度决定着应力集中，往往在该处形成断裂失效的起始点。

每一种构件都有特定的外在服役条件（载荷类型、应力状态、加载速率、工作温度、环境介质等）。就载荷类型而言，有的构件承受静载荷，有的承受冲击载荷，有的承受交变载荷，还有的承受局部压入载荷。如果是交变载荷，还有应力变化幅度的不同，应力变化频率的不同，工作应力的高低等。就加载速率和加载时间而言，有缓慢加载、快速加载、瞬时加载、长时加载的区别。有的承受单一的拉伸、扭转、剪切和弯曲等载荷，有的则承受复合载荷。工作温度分为常温、高温和低温；环境介质可分为真空、大气、海水、腐蚀介质等。这些外在的服役条件对构件起着不同程度、不同方式的损害作用。损害作用可以单独进行，也可以联合起来作用。

应根据构件的服役条件，通过断裂失效分析找出造成断裂的主导因素，即断裂的方式、过程、基本特征及主要断裂抗力指标。从材料学的观点进一步分析断裂抗力指标与材料组织、结构、冶金处理等之间的关系，即找出造成性能指标不能满足外界条件对材料的要求的内在因素。最后选择能够满足构件使用要求的材料，并制订适当的热处理及表面处理工艺，使构件的强度足以满足构件正常运行的要求。

2.4 材料质量分析

我国冶金产品使用的标准为国家标准（代号为"GB"）、部标（冶金工业部标准"YB"、机械部标准"JB"等）、企业标准三级。

2.4.1 包装检验

根据金属材料的种类、形状、尺寸、精度、防腐而定。

（1）散装。即无包装的锭、块（不怕腐蚀、不贵重），如大型钢材（大型钢、厚钢板、钢轨）、生铁等。

（2）成捆。指尺寸较小、腐蚀对其使用影响不大的产品，如中小型钢、管钢、线材、薄板等。

（3）成箱（桶）。指防腐蚀、小而薄的产品，如马口铁、硅钢片、镁锭等。

（4）成轴。指线、钢丝绳、钢绞线等。

对成捆、成箱轴包装的产品首先应检查包装是否完整。

2.4.2　标志检验

标志用以区别材料的材质、规格，主要说明供方名称、牌号、检验批号、规格、尺寸、级别、净重等。标志有：

（1）涂色。在金属材料的端面、端部涂上各种颜色的油漆。主要用于钢材、生铁、有色原料等。

（2）打印。在金属材料规定的部位（端面、端部）打钢印或喷漆的方法，说明材料的牌号、规格、标准号等。主要用于中厚板、型材、有色材等。

（3）挂牌。成捆、成箱、成轴等金属材料在外面挂牌说明其牌号、尺寸、重量、标准号、供方等。

金属材料的标志在检验时要认真辨认，在运输、保管等过程中要妥善保护。

2.4.3　规格尺寸的检验

规格尺寸指金属材料主要部位（长、宽、厚、直径等）的公称尺寸。

（1）公称尺寸（名义尺寸）。是人们在生产中想得到的理想尺寸，但它与实际尺寸有一定差距。

（2）尺寸偏差。实际尺寸与公称尺寸之差值称为尺寸偏差。大于公称尺寸称为正偏差，小于公称尺寸称为负偏差。在标准规定范围之内称为允许偏差，超过标准规定范围称为尺寸超差。超差属于不合格品。

（3）精度等级。金属材料的尺寸允许偏差规定了几种范围，并按尺寸允许偏差大小不同划为若干等级，即为精度等级。精度等级分普通、较高、高级等。

（4）交货长度（宽度）。是金属材料交货的主要尺寸，指金属材料交货时应具有的长（宽）度规格。

（5）通常长度（不定尺长度）。对长度不作一定的规定，但必须在一个规定的长度范围内（按品种不同，长度不一样，根据部、厂定）。

（6）短尺（窄尺）。长度小于规定的通常长度尺寸的下限，但不小于规定的最小允许长度。对一些金属材料，按规定可交一部分短尺。

（7）定尺长度。所交金属材料长度必须具有需方在订货合同中指定的长度（一般正偏差）。

（8）倍尺长度。所交金属材料长度必须为需方在订货合同中指定长度的整数倍（加锯口、正偏差）。

规格尺寸的检验要注意测量材料部位和选用适当的测量工具。

2.4.4　数量的检验

金属材料的数量，一般是指重量（除个别例垫板、鱼尾板以件数计）。数量检验方法有：

（1）按实际重量计量。按实际重量计量的金属材料一般应全部过磅检验。对有牢固包装（如箱、盒、桶等）的，在包装上均注明毛重、净重和皮重。例如，薄钢板、硅钢片、铁合金可进行抽检数量不少于一批的5%，如抽检重量与标记重量出入很大，则须全部开箱称重。

（2）按理论换算计量。以材料的公称尺寸（实际尺寸）和比重计算得到的重量。对那些定尺的型板等材料都可按理论换算，但在换算时要注意换算公式和材料的实际比重。

2.4.5 表面质量检验

表面质量检验主要是对材料、外观、形状、表面缺陷的检验，主要有：

（1）椭圆度。即圆形截面的金属材料，在同一截面上各方向直径不等的现象。椭圆度用同一截面上最大与最小的直径差表示，对不同用途材料，标准不同。

（2）弯曲、弯曲度。弯曲就是轧制材料在长度或宽度方向不平直、呈曲线形状的总称。如果把它们的不平程度用数字表示出来，就称为弯曲度。

（3）扭转。即条形轧制材料沿纵轴扭成螺旋状。

（4）镰刀弯（侧面弯）。指金属板、带及接近矩形截面的型材沿长度（窄面一侧）的弯曲，一面呈凹入曲线，另一面呈凸出曲线，称为"镰刀弯"，以凹入高度表示。

（5）瓢曲度。瓢曲指在板或带材的长度及宽度方向同时出现高低起伏的波浪现象，形成瓢曲形。表示瓢曲程度的数值称为瓢曲度。

（6）表面裂纹。指金属物体表层的裂纹。

（7）耳子。由于轧辊配合不当等原因而出现的沿轧制方向延伸的突起，称为耳子。

（8）括伤。指材料表面呈直线或弧形沟痕，通常可以看到沟底。

（9）结疤。指不均匀分布在金属材料表面呈舌状、指甲状或鱼鳞状的薄片。

（10）黏结。金属板、箔、带在迭轧退火时产生的层与层间点、线、面的相互粘连。经掀开后表面留有黏结痕迹，称为黏结。

（11）氧化铁皮。是指材料在加热、轧制和冷却过程中，在表面生成的金属氧化物。

（12）折叠。是金属在热轧过程中（或锻造）形成的一种表面缺陷，表面互相折合的双金属层，呈直线或曲线状重合。

（13）麻点。指金属材料表面凹凸不平的粗糙面。

（14）皮下气泡。金属材料的表面呈现无规律分布、大小不等、形状不同、周围圆滑的小凸起，破裂的凸泡呈鸡爪形裂口或舌状结疤，称为气泡。

表面缺陷产生的原因主要是生产、运输、装卸、保管等操作不当。根据对使用的影响不同，有的缺陷是不允许存在；有些缺陷虽然允许存在，但不允许超过限度。各种表面缺陷是否允许存在，或者允许存在的程度，在有关标准中均有明确规定。

2.4.6 内部质量检验的保证条件

金属材料内部质量的检验依据是，根据材质适应不同的要求，保证条件亦不同。在出厂和验收时必须按保证条件进行检验，并符合要求。保证条件分为以下几种。

（1）基本保证条件。对材料质量最低要求，无论是否提出，都得保证，如化学成分、基本机械性能等。

（2）附加保证条件。指根据需方在订货合同中注明要求才进行检验，并保证检验结果符合规定的项目。

（3）协议保证条件。供需双方协商并在订货合同中加以保证的项目。

（4）参考条件。双方协商进行检验项目，但仅作参考条件，不作考核。

金属材料内部质量检验主要有机械性能、物理性能、化学性能、工艺性能、化学成分和内部组织检验。机械性能、工艺性能在前面已经介绍，这里只对化学成分和内部组织的检验方法、原理及简单过程做概括介绍。

2.4.7　化学成分检验

化学成分是决定金属材料性能和质量的主要因素，因此，标准中对绝大多数金属材料规定了必须保证的化学成分，有的甚至作为主要的质量、品种指标。化学成分可以通过化学的、物理的多种方法来分析鉴定，目前应用最广的是化学分析法和光谱分析法。此外，设备简单、鉴定速度快的火花鉴定法，也是对钢铁成分鉴定的一种实用的简易方法。

1. 化学分析法

根据化学反应来确定金属的组成成分的方法统称为化学分析法。化学分析法分为定性分析和定量分析两种。通过定性分析，可以鉴定出材料含有哪些元素，但不能确定它们的含量；定量分析，是用来准确测定各种元素的含量。实际生产中主要采用定量分析。定量分析的方法有重量分析法和容量分析法。

（1）重量分析法。采用适当的分离手段，使金属中被测定元素与其他成分分离，然后用称重法来测元素含量。

（2）容量分析法。用标准溶液（已知浓度的溶液）与金属中被测元素完全反应，然后根据所消耗标准溶液的体积计算出被测定元素的含量。

2. 光谱分析法

各种元素在高温、高能量的激发下都能产生自己特有的光谱，根据元素被激发后所产生的特征光谱来确定金属的化学成分及大致含量的方法，称为光谱分析法。通常借助于电弧、电火花、激光等外界能源激发试样，使被测元素发出特征光谱。经分光后与化学元素光谱表对照，做出分析。

3. 火花鉴别法

火花鉴别法主要用于钢铁，是根据在砂轮磨削下由于摩擦、高温作用，各种元素、微粒氧化时产生的火花数量、形状、分叉、颜色等不同，来鉴别材料化学成分（组成元素）及大致含量的一种方法。

2.4.8　内部组织缺陷

常见的内部组织缺陷主要有以下几种。

（1）疏松。指铸铁或铸件在凝固过程中，由于诸晶枝之间的区域内的熔体最后凝固而收缩以及放出气体，导致产生许多细小孔隙和气体而造成的不致密性。

（2）夹渣。指被固态金属基体所包围着的杂质相或异物颗粒。

（3）偏析。指合金金属内各个区域化学成分的不均匀分布。

（4）脱碳。指钢及铁基合金的材料或制件的表层内的碳全部或部分失掉的现象。

另外，气泡、裂纹、分层、白点等也是常见的内部组织缺陷。

对内部组织（晶粒、组织）及内部组织缺陷常用的检验方法有：

①宏观检验。利用肉眼或 10 倍以下的低倍放大镜观察金属材料内部组织及缺陷的检验。常用的方法有断口检验、低倍检验、塔形车削发纹检验及硫印试验等。主要用于检验气泡、夹渣、分层、裂纹晶粒粗大、白点、偏析、疏松等。

②显微检验。显微检验又称为高倍检验，是将制备好的试样按规定的放大倍数在相显微镜下进行观察测定，以检验金属材料的组织及缺陷的检验方法。一般用于检验夹杂物、晶粒度、脱碳层深度、晶间腐蚀等。

③无损检验。无损检验有磁力探伤、荧光探伤和着色探伤等。磁力探伤用于检验钢铁等铁磁性材料接近表面裂纹、夹杂、白点、折叠、缩孔、结疤等。荧光探伤和着色探伤用于无磁性材料如有色金属、不锈钢、耐热合金的表面细小裂纹及松孔的检验。

④超声波检验。又称超声波探伤，是利用超声波在同一均匀介质中作直线性传播，但在两种不同物质的界面上便会出现部分或全部的反射。因此，当超声波遇到材料内部有气孔、裂纹、缩孔、夹杂时，会在金属的交界面上发生反射，异质界面愈大反射能力愈强，反之愈弱。这样，内部缺陷的部位及大小就可以通过探伤仪荧光屏的波形反映出来。常用的超声波探伤有 X 光和射线探伤。

2.5 无损检测与评价技术

无损检测（non-destructive examination，NDT）是利用物质的声、光、磁和电等特性，在不损坏、不改变被检测对象理化状态的前提下，检测被检对象中是否存在缺陷或不均匀性的一种技术。

起重机械的机构零件、金属结构、连接件和附件主要由金属材料经过加工而成。零件一般以锻件、轧制件、焊接件和铸件作坯件经机械加工制成。锻件、轧制件和焊接件主要采用碳素结构钢、优质碳素结构钢或低合金结构钢。重要零部件采用合金结构钢，有特殊要求的零件则要用到特殊合金钢。铸件可采用铸钢、铸铁或铸铜。有色金属及其合金用于有高导电性、耐磨性、抗腐蚀性或高强度等特殊性能要求的零件。起重机械金属结构的材料主要是钢材，常用的材料是普通碳素钢 Q235，需减轻结构自重时，可采用 15MnTi 钢。起重机械的金属结构连接方式主要有焊接和螺栓连接。

根据起重机械材料、焊缝及零部件易出现的缺陷类型，可选用相应的无损检测方法进行检测，常规检测方法有目视检测（VT）、磁粉检测（MT）、超声检测（UT）、渗透检测

（PT）等。除此之外，随着无损检测技术的发展，一些新技术也越来越多地用于检测，如声发射检测（AE）、红外检测（IR）、残余应力检测、金属磁记忆检测、超声波衍射时差检测（TOFD）、超声波相控阵检测等。在实际检测过程中，根据相应的技术要求针对不同的检测对象选用适当的检测方法和检测工艺，如对整机的金属结构可用目视检测；对零部件和机构，如母材或焊缝内部缺陷主要用超声检测，壁厚腐蚀测量主要用超声测厚仪；表面缺陷主要用磁粉或渗透检测。

2.5.1　无损检测质量控制要求

2.5.1.1　总体原则

NDT作为一种先进的综合性应用科学技术之一，在生产上发挥巨大作用已众所周知。国外将NDT作为现代工业的基础；随着改革开放的不断深入，国内NDT也越来越受到人们的关注与重视。然而，通过这种手段进行质量控制（QC），必须有一个前提条件，那就是必须依赖于其结果的准确性与可靠性。一旦NDT结果不准确或错误，不但达不到其应有的作用，反而会造成巨大的损失。可见，NDT是QC的重要手段，其自身的工作质量也必须受到严格的控制。

必须说明的是，通过对NDT工作本身进行严格的控制，以提高检测结果的准确性，不能离开NDT技术本身的检测能力。因此，应在技术上允许的范围之内，通过严格的QC手段，使NDT的检测能力得以完整体现，使结果的准确性提高到可信赖的程度。对NDT工作进行质量控制，目的是保证其结果的可靠性，那么对于影响其结果的众多因素，就必须加以认真剖析并逐个加以控制。作为质保体系一部分的NDT工作质量控制办法可归纳为文件化、程序化、记录化，同时加强NDT工作质量相关各部门的协调配合的综合管理。

2.5.1.2　文件化控制

文件化管理是确保NDT结果准确性的重要手段。质量文件包括四个层次：质量手册、程序文件、质量计划、质量记录。与NDT有关的还有若干技术标准和技术规范。

对于不同的产品，其检测的要求不尽相同，这在质量计划以及检测规范中均有所体现。据此先制订出具体的实施方案与计划，并按规定的程序工作，每一步骤均有记录。检测报告要得到订货方或委托监理的确认。整个工程结束，将所有资料汇总，组成完整的文件、记录资料。

通过以上文件的控制，做到"每一件事均在受控状态下进行，每个人都在受控状态下工作"，从而确保NDT工作的质量。

2.5.1.3　程序化控制

程序化控制是确保NDT结果准确性的最直接有效的手段。对于每种NDT方法，均要求有可遵循的操作程序，并严格按程序文件的要求进行工作。在程序文件中，对每件NDT工作的操作要求、操作步骤以及具体实施均有详尽规定。

2.5.1.4　记录化控制

记录是检测工作中极其重要的一环，它不仅能追踪产品的质量情况，也可以证明NDT工作的质量，因此，在工作中应坚持"没有记录，就等于没有进行工作"的原则，对记录工作进行极其严格的控制。每天、每时、每人所做的工作必须有原始的记录，且都有编号。在一个部件完成后有个概括性的总结，每个产品完成以后都必须重新整理一遍，无一差错，方能编号归档。总之，要记录，让工作有据可查。

2.5.1.5 协调配合

NDT 不是孤立专业的技术，尤其在工程应用中。要使 NDT 工作顺利开展，并保证结果的准确性，必须加强与有关部门的协调和配合。

2.5.2 外观检验

外观检验主要通过目视方法检测焊缝表面的缺陷和借助测量工具检查焊缝尺寸上的偏差。外观检验分为目视检测和尺寸检测。外观检验是为了检测在役起重机械的整体质量和各功能部件的性能，并对明显出现异常的部位进行指导性的二次探伤。主要检测内容有机械部分金属结构的几何尺寸测量、表面质量检查等。

2.5.2.1 焊缝的目视检测

1. 目视检测方法

（1）近距离目视检测。指用眼睛直接观察和分辨缺陷的形貌。焊缝外形应均匀，焊道与焊道及焊道与基本金属之间应平滑过渡。检测过程中可采用适当的照明设施，利用反光镜调节照射角度和观察角度，或借助低倍放大镜来观察，以提高眼睛的发现和分辨缺陷的能力。

（2）远距离目视检测。主要用于眼睛不方便接近或无法接近被检测体，而必须借助望远镜、窥视镜、光导纤维、照相机等辅助设备进行观察的场合。

（3）间接目视检测。指检测人员的眼睛与检测区之间有不连续的、间断的光路，使用摄影术、视频系统、自动系统和机器人进行检测。

通常，目视检测主要用于观察材料、零件、部件、设备和焊接接头等的表面状态、配合面的对准、变形或泄漏迹象等。

2. 目视检测的程序

（1）清理焊缝表面及其边缘，要求无阻碍外观检查的附着物。

（2）用焊缝检验尺测量焊缝的几何尺寸。① 焊缝与母材连接处，焊缝应完整，不得有漏焊，连接处应圆滑过渡；② 焊缝形状与尺寸急剧变化的部位，焊缝高低、宽窄及结晶鱼鳞波纹应均匀变化。

（3）观察整条焊缝及其热影响区是否存在焊接缺陷。因为接头部位易产生焊瘤、咬边等缺陷，收弧部位易产生弧坑裂纹、夹渣、气孔等缺陷，所以这些部位应重点观察，要求不得出现裂纹、夹渣、焊瘤、烧穿等缺陷，其他如气孔、咬边等缺陷按照相应的检测标准评定。

2.5.2.2 焊缝外形的尺寸检测

以目视检测为基础，对焊缝外形的尺寸进行检测，与标准规定的尺寸进行比较，继而判断外形几何尺寸是否符合要求。

进行焊缝外形尺寸检测前，需要对焊接接头进行清理，要求没有焊接熔渣和其他附着物。通常使用焊接检验尺检测焊缝外形尺寸，它由主尺、高度尺、咬边深度尺和多用尺等部件构成，如图2-4所示，可以对焊件的坡口角度、高度、宽度、间隙和咬边深度进行测量。

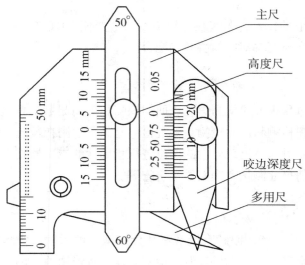

图2-4　焊接检验尺示意图

1. 直接测量

可以将检验尺作为直尺直接测量尺寸，如图2-5所示。

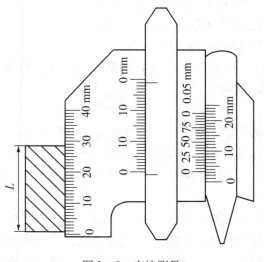

图2-5　直接测量

2. 平面焊缝余高测量

首先把咬边深度尺对准零刻度，并紧固螺丝，然后滑动高度尺与焊点接触，此时高度尺的刻度值即为焊缝余高，如图2-6所示。

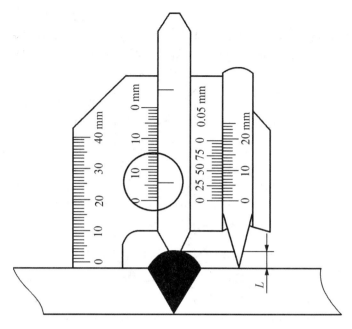

图 2-6 平面焊缝高度测量

3. 角焊缝焊脚尺寸测量

将焊接检验尺的工作面紧靠焊件和焊点，并滑动高度尺与焊件的另一边接触，此时高度尺刻度值即为角焊缝焊脚尺寸，如图 2-7 所示。

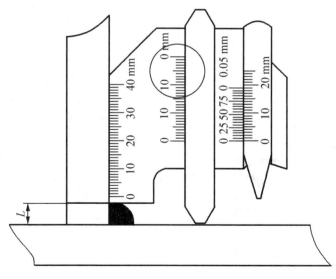

图 2-7 角焊缝焊脚尺寸测量

4. 角焊缝厚度测量

如图 2－8 所示，在检验尺与角焊缝成45°时，测量焊点角焊缝厚度。首先把检验尺的工作面与焊件紧靠，并滑动高度尺与焊点接触，此时高度尺的刻度值即为角焊缝厚度。

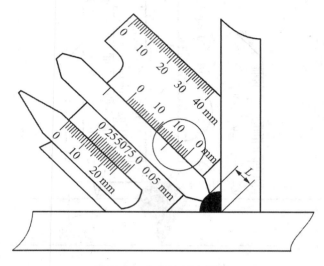

图 2－8　角焊缝厚度测量

5. 焊缝宽度测量

先用检验尺测量角紧靠焊缝的一边，然后旋转多用尺的测量角紧靠焊缝的另一边，此时多用尺上的刻度值即为焊缝宽度，如图 2－9 所示。

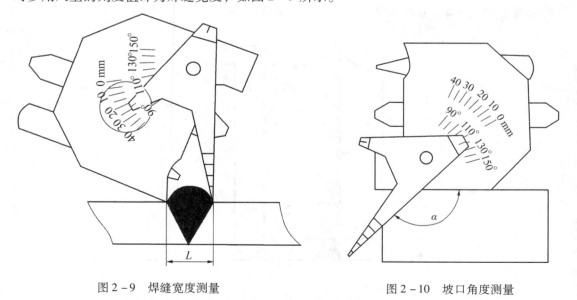

图 2－9　焊缝宽度测量　　　　　　　　　　图 2－10　坡口角度测量

6. 坡口角度测量

根据焊件所需要测量的坡口角度，选用主尺与多用尺配合。观察主尺工作面与多用尺工作面形成的角度，此时多用尺指示的角度值即为坡口角度，如图 2－10 所示。

7. 焊缝咬边深度测量

首先把高度尺对准零刻度，并拧紧螺丝，然后使用咬边尺测量咬边深度，此时咬边尺刻度值即为咬边深度，如图 2 - 11 所示。

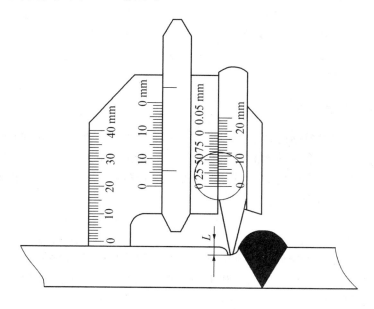

图 2 - 11　焊缝咬边深度测量

8. 间隙测量

用多用尺插入两焊件之间，此时多用尺上间隙尺的刻度值即为间隙值，如图 2 - 12 所示。

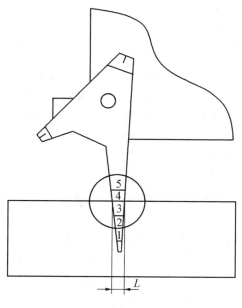

图 2 - 12　间隙测量

2.5.2.3　目视检验法的优点及缺点

目视检测是进行无损检测第一阶段的首要方法。按照检测顺序，首先进行目视检测，以确保不会影响后面的检测，接下来可以选用其他合适的检测方法。目视检测常常用于检查焊缝。焊缝本身有工艺评定标准，可以通过目测和直接测量尺寸来做初步检验。目视检测不受检测位置的限制，能立即得到结果，在多数情况下不需要专用的仪器，实际应用中简便、快速、成本低廉。但是，目视检测局限于检测被测物的表面状况，并且易受到检测人员的技术和经验的影响。

2.5.3　表面无损检测技术

表面无损检测技术包括磁粉检测和渗透检测等技术，主要用于检测工件表面及近表面的缺陷。在役起重机械金属结构的表面及近表面缺陷按其形成时期可分成原材料表面及近表面缺陷、热加工过程中产生的表面及近表面缺陷、冷加工过程中产生的表面及近表面缺陷和使用过程中产生的表面及近表面缺陷等。

2.5.3.1　缺陷分类

1. 原材料表面及近表面缺陷

原材料表面及近表面缺陷的形成主要集中在金属冶炼时期，它与金属铸锭的熔炼和凝固有关。缺陷的主要形式为残余缩孔和中心疏松、气泡、金属夹杂物和非金属夹杂物、发纹、夹层、分层和白点等。

2. 热加工过程中产生的表面及近表面缺陷

在金属学中，把高于金属再结晶温度的加工称为热加工。热加工可分为金属铸造、热轧、锻造、焊接和金属热处理等工艺。起重机械中广泛使用钢材作为其金属结构的组成部分，而钢材在热加工过程中受到加热不均匀的影响而产生缺陷，并且，原材料中存在的缺陷在加热过程中会扩展，继而发展为新的缺陷。

1）金属铸造

金属在铸造过程中产生的主要缺陷包括铸造裂纹、铸造缩孔、疏松、缩松、气孔、冷隔等。

铸造裂纹是由于在铸造过程中存在铸造热应力与收缩应力，当所形成的拉应力超过铸件的抗拉强度时出现的裂纹。铸件在固态收缩过程中，由于各部分的冷却速度不同，引起不均衡收缩产生应力，即为铸造热应力；铸件在固态收缩过程中，由于受到铸型、砂芯、浇冒口等方面的阻碍产生的应力，即为铸造收缩应力。

铸造缩孔是指铸件在冷凝过程中收缩而产生的孔洞，形状不规则，孔壁粗糙，一般位于铸件的热节处。

疏松是铸件凝固缓慢的区域因微观补缩通道堵塞而在枝晶间及枝晶的晶臂之间形成的细小空洞。

缩松是指铸件最后凝固的区域没有得到液态金属或合金的补缩形成分散和细小的缩孔。常分散在铸件壁厚的轴线区域、厚大部位、冒口根部和内浇口附近。缩松隐藏于铸件的内部，外观上不易被发现。缩松的宏观端口形貌与疏松相似，当缩松与缩孔容积相同时，缩松的分布面积要比缩孔大得多。

气孔是因气体在金属液结壳之前未及时逸出而在铸件内生成的孔洞类缺陷。气孔的内壁光滑，明亮或带有轻微的氧化色。铸件中产生气孔后，将会减小其有效承载面积，且在气孔周围会引起应力集中而降低铸件的抗冲击性和抗疲劳性。另外，气孔对铸件的耐腐蚀性和耐热性也有不良的影响。

冷隔主要是由于浇注温度太低，金属溶液在铸模中不能充分流动，两股融体相遇未融合，在铸件表面或近表面形成的缺陷。

2）热轧

热轧过程中产生的缺陷主要包括裂纹、线状缺陷、夹渣、折叠、翘皮等。

裂纹是由于加热和轧制不当而形成的缺陷。

线状缺陷是由材料表面及近表面层的气孔和非金属夹杂物为起点形成的缺陷。

翘皮是当含有较多气孔和夹杂缺陷的连铸坯，经过粗轧道次的变形，中间坯角部低温区在一定的立辊侧压作用下产生了超出板坯材料热塑性容限的变形，形成角部裂纹，这种裂纹在随后的变形过程中，在轧制中不能焊合，形成沿轧制方向的断续迭层的缺陷。

3）锻造

锻造过程中的缺陷主要包括缩孔、疏松、非金属夹杂物、夹砂、折叠、龟裂、锻造裂纹、白点等。

缩孔是铸锭时，因冒口切除不当、铸模设计不良，以及铸造条件不良，且锻造不充分而形成的缺陷。

疏松是铸件在凝固过程中由于收缩以及补缩不足，中心部位出现细密微孔性组织分布，且锻造不充分而形成的缺陷。

非金属夹杂物是炼钢时，由于熔炼不良以及铸锭不良，混进硫化物和氧化物等非金属夹杂物或者耐火材料而形成的缺陷。

夹砂是铸锭时熔渣、耐火材料或夹杂物以弥散态留在锻件中而形成的缺陷。

折叠是锻压操作不当，锻钢件表面的局部未结合缺陷。

龟裂是由于原材料成分不当、表面情况不好、加热温度和加热时间不适合而在锻钢件表面上形成的较浅龟纹状表面缺陷。

在锻造过程中形成的裂纹是多种多样的，形成原因也各不相同。主要可分为原材料缺陷引起的锻造裂纹和锻造本身引起的锻造裂纹两类。属于前者的原因有残余缩孔、钢中夹杂物等冶金缺陷；属于后者的原因有加热不当、变形不当及锻后冷却不当、未及时热处理等。

白点是由于钢中含氢量较高，在锻造过程中的残余应力、热加工后的相变应力和热应力等作用下而形成的一种微细的裂纹。由于缺陷在断口上呈银白色的圆点或椭圆形斑点，故称其为白点。

4）焊接

焊接过程中产生的表面及近表面缺陷主要包括焊接裂纹、未焊透、气孔、夹渣等。

焊接裂纹是由于焊接时温度高，外界气体大量分解溶入，并且局部加热时间短而形成的缺陷，是焊接缺陷中危害性最大的一种，它显著减少承载面积，而且裂纹端部形成的尖锐缺口造成应力高度集中。

焊接裂纹根据发生条件和时机，可分为热裂纹、冷裂纹、再热裂纹和层状撕裂。热裂纹又称结晶裂纹，一般在焊接完成时出现，裂纹沿晶界开裂，裂纹面上有氧化色彩，失去金属光泽。冷裂纹又称延迟裂纹，是焊缝冷至马氏体转变温度 M_s 点以下产生的，一般是在焊后过一段时间再出现。再热裂纹是接头冷却后再加热至 $550 \sim 650℃$ 时产生的。层状撕裂主要是由于钢材在轧制过程中，将硫化物、硅酸盐类、三氧化二铝等杂质夹在其中，形成各向异性，在焊接应力或外拘束应力的作用下，金属沿轧制方向伸展的杂质面开裂形成的。

未焊透指母材金属未融化，焊缝金属没有进入接头根部的现象。它减少了焊缝的有效截面积，使接头强度下降；同时，未焊透引起的应力集中，严重降低了焊缝的疲劳强度，所造成的危害比强度下降的危害大得多。

气孔是指焊接时，熔池中的气体未在金属凝固前逸出，残存于焊缝之中所形成的空穴。气体的来源有两种，一种为外界气体进入熔池，另一种为焊接冶金过程中化学反应产生的。气孔减小了焊缝的有效截面积，使焊缝疏松，从而降低了接头的强度、塑性，也会引起应力集中。如果是氢气孔还可能产生冷裂纹。

夹渣是指焊后熔渣残存在焊缝中的现象。在受应力作用下，焊缝中夹渣处会先出现裂纹并沿展，导致强度下降、焊缝开裂。

5）热处理

热处理分为普通热处理和化学热处理两种。普通热处理中的缺陷主要是淬火裂纹，化学热处理中的缺陷主要是电镀裂纹、酸洗裂纹和应力腐蚀裂纹等。

3. 使用中产生的表面缺陷

使用中产生的表面缺陷有疲劳裂纹、应力腐蚀裂纹等。

（1）疲劳裂纹是由于结构材料承受交变反复载荷，局部高应变区内的峰值应力超过材料的屈服强度，晶粒之间发生滑移和位错，产生微裂纹并逐步扩展形成的缺陷。

（2）应力腐蚀裂纹是由于金属材料在拉应力作用下产生的缺陷。

2.5.3.2　磁粉检测（MT）

1. 检测原理

铁磁性材料工件被磁化后，由于不连续的存在，使工件表面和近表面的磁感应线发生局部畸变而产生漏磁场。吸附施加在工件表面的磁粉，在合适的光照条件下形成目视可见的磁痕，从而显示出不连续的位置、大小、形状和严重程度。对于没有缺陷的部分，由于介质是连续均匀的，故磁感应线的分布也是均匀的。工件磁化后磁感应线的分布如图 2-13 所示。

缺陷处的漏磁场强度与漏磁场的磁通密度成正比，其强度和分布状态取决于缺陷的尺寸、位置和磁化强度等。铁磁性材料工件表面及近表面尺寸很小、间隙极窄的缺陷磁化后产生的漏磁场强度很大，吸附磁粉能力强，容易被检出；离工件表面距离越大，产生的漏磁场就越弱，吸附磁粉的能力下降。

2. 起重机械磁粉检测

磁粉检测能检测铁磁性工件、马氏体不锈钢和沉淀硬化不锈钢具有磁性材料的表面和近表面缺陷，如裂纹、白点、发纹、折叠、疏松、冷隔、气孔和夹渣等。对于工件表面浅而宽、针孔状、埋藏较深和延伸方向与磁感应线方向夹角小于 $20°$ 的缺陷，不适合用磁粉检测方法。

表面和近表面裂纹是起重机械的重要检测内容，起重机械的钢结构和零部件及焊缝表

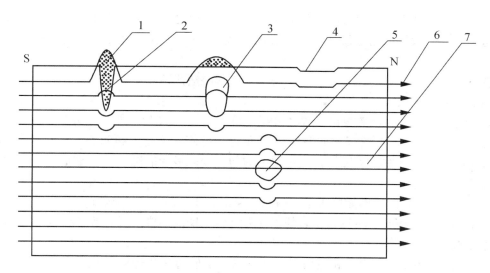

图 2 - 13　工件磁化后磁感应线分布

1—漏磁场；2—裂纹；3—近表面气孔；4—划伤；5—内部气孔；6—磁感应线；7—工件

面都不允许存在裂纹。鉴于一般起重机械材料多是钢材，磁粉检测也就成为其最常用的无损检测手段之一。

3. 磁粉检测的优缺点

磁粉检测的优点：① 检测结果直观；② 具有较高的检测灵敏度；③ 检测效率高；④不受工件大小和几何形状的限制。

磁粉检测的缺点：① 不能检测非铁磁性材料和非磁性材料；② 只能检测表面及近表面缺陷；③ 对工件的表面光滑度要求高；④ 磁化后具有较大剩磁的工件需进行退磁处理。

4. 磁粉检测程序

1）表面处理

除去漆层、油污等非导电覆盖层，露出金属光泽，使用干法检测时还要保持工件表面干净和干燥。

2）磁化

选用合适的磁化电流和磁化方法对工件进行磁化。磁粉检测中产生磁化磁场的电流称为磁化电流，有交流电、整流电、直流电和冲击电流等几种。交流电具有趋肤效应，对表面缺陷具有较高检测灵敏度；整流电中包含的交流分量越大，检测近表面较深缺陷的能力越弱；直流电产生的磁化磁场渗入深度大，在这几种磁化电流中，检测缺陷的深度最大；冲击电流由于通电时间短，只用于剩磁法。

工件磁化时，当磁场方向与缺陷延伸方向垂直时，缺陷处的漏磁场最大，检测灵敏度最高。为了能发现所有方向的缺陷，通常需要组合使用周向磁化、纵向磁化、多向磁化等几种磁化方法。

3）施加磁粉或磁悬液

根据选用磁粉的类别和施加方法的不同，选择合适的时机施加磁粉或磁悬液。磁粉按施加方式分为湿法用磁粉和干法用磁粉；按磁痕观察方式分为荧光磁粉和非荧光磁粉。湿法用磁粉是将磁粉悬浮在油或水载液中喷洒到工件表面的磁粉；干法用磁粉是将磁粉在空气中吹成雾状喷洒到工件表面的磁粉。在黑光灯下观察磁痕显示所使用的磁粉称为荧光磁粉，这种磁粉一般只适用于湿法检测；在可见光下观察磁痕显示所使用的磁粉为非荧光磁粉。

磁粉的施加方法分为连续法、剩磁法、干法和湿法四种。

（1）连续法。连续法可分为湿连续法和干连续法。湿连续法：先用磁悬液润湿工件表面，在通电磁化的同时浇磁悬液，停止浇磁悬液后再通电数次，通电时间 1～3s，停止施加磁悬液至少 1s 后，待磁痕形成并滞留下来时方可停止通电，再进行检验。干连续法：对工件通电磁化后开始喷洒磁粉，并在通电的同时吹去多余的磁粉，待磁痕形成和检验完后再停止通电。

（2）剩磁法。剩磁法不能用于干法检测。通电 0.25～1s 后再浇磁悬液 2～3 遍，保证工件各个部位充分润湿，注意磁化后的工件在检验完毕前不要与任何铁磁性材料接触，以免产生磁滞。

（3）干法。保证工件表面和磁粉干净、干燥，工件边磁化边施加磁粉，并在观察和分析磁痕后再撤去磁场。将磁粉吹成云雾状，轻轻地飘落在被磁化工件表面上，形成薄而均匀的一层。在磁化时用干燥的压缩空气吹去多余的磁粉，注意不要吹掉显示的磁痕。

（4）湿法。磁悬液的施加可采用浇法、喷法和浸法，但不能采用刷涂法；连续法宜用浇法和喷法，液流要微弱，以免冲刷掉缺陷的磁痕显示；剩磁法采用浇法、喷法和浸法皆可。浇法和喷法灵敏度低于浸法：浸法的浸放时间一般控制在 10～20s，然后取出检测，时间长了会产生过度背景；用水磁悬液时，应进行水断试验；可根据各种工件表面的不同选择不同的磁悬液浓度；仰视检验宜用磁膏。

4）观察记录磁痕

在合适的光源、光照条件下观察磁痕，分辨真实缺陷和伪缺陷，将真实缺陷记录在检测报告中。

5）评级

按照相应的标准对显示出的缺陷进行评级。

6）退磁

工件磁化后具有的剩磁影响正常使用的，要对工件进行退磁处理。

7）后处理

对除去漆层的部位进行涂刷漆层等处理。

5. 磁痕分析

磁痕为磁粉检测时磁粉聚集形成的图像。磁痕分为由缺陷的漏磁场引起的相关显示、由非缺陷的漏磁场引起的非相关显示、不是由漏磁场引起的伪显示。

在起重机械的安全评估中，磁粉的检测对象大部分为焊缝，焊缝中几种缺陷的磁痕特征如下：

焊接裂纹是工件焊接过程中或焊接过程结束后在焊缝及热影响区出现的金属局部破裂。其磁痕特征呈纵向、横向线状，树枝状或星形线辐射状。磁粉聚集浓密、轮廓清晰，重现性好。

未焊透是在焊接过程中，母材金属未熔化，焊缝金属没有进入接头根部的现象，它的磁痕松散、较宽。

气孔是焊接过程中气体在熔化金属冷却之前没有及时逸出而保留在焊缝中的孔穴。它的磁痕分单个气孔和成群气孔两种显示方式，呈圆形或椭圆形，宽而模糊，显示不太清晰。

夹渣是焊接过程中熔池内未来得及浮出而残留在焊接金属内的焊渣。它的磁痕多呈点状（椭圆形）或粗短的条状，磁痕宽而不浓密。

2.5.3.3 渗透检测（PT）

1. 渗透检测原理

渗透检测是基于液体的毛细作用和固体染料在一定条件下的发光现象。工件表面被施涂含有荧光染料或者着色染料的渗透剂后，在毛细作用下，经过一定时间，渗透剂可以渗入表面开口缺陷中；去除工件表面多余的渗透剂，经过干燥后，再在工件表面施涂吸附介质——显像剂；同样，在毛细作用下，显像剂将吸引缺陷中的渗透剂，即渗透剂回渗到显像中；在一定的光源下（黑光或白光），缺陷处的渗透剂痕迹被显示（黄绿色荧光或鲜艳红色），从而探测出缺陷的形貌及分布状态。

2. 渗透检测适用范围

渗透检测可广泛应用于检测大部分的非吸收性物料的表面开口缺陷，如钢铁、有色金属、陶瓷及塑料等，对于形状复杂的缺陷也可一次性全面检测。主要用于裂纹、白点、疏松、夹渣等缺陷的检测，无需额外设备。对于现场检测，常使用便携式的灌装渗透检测剂，包括渗透剂、清洗剂和显像剂这三个部分，便于现场使用。渗透检测的缺陷显示很直观，能大致确定缺陷的性质，检测灵敏度较高，但检测速度慢，因使用的检测剂为化学试剂，对人的健康和环境有较大的影响。

3. 渗透检测的优缺点

1）渗透检测的优点

（1）渗透检测可以检测金属（钢、耐热合金、铝合金、镁合金、铜合金）和非金属（陶瓷、塑料）工件的表面开口缺陷，如裂纹、疏松、气孔、夹渣、冷隔、折叠和氧化斑疤等。这些表面开口缺陷，特别是细微的表面开口缺陷，一般情况下，直接目视检查是难以发现的。

（2）渗透检测不受被控工件化学成分的限制。渗透检测可以检测磁性材料，也可以检测非磁性材料；可以检测黑色金属，也可以检测有色金属，还可以检测非金属。

（3）渗透检测不受被检工件结构的限制。渗透检测可以检测焊接件或铸件，也可以检测压延件和锻件，还可以检测机械加工件。

（4）渗透检测不受缺陷形状（线性缺陷或体积型缺陷）、尺寸和方向的限制；只需要一次渗透检测，即可同时检查开口于表面的所有缺陷。

2）渗透检测的缺点

渗透检测无法或难以检测多孔的材料，如粉末冶金工件，也不适用于检测因外来因素造成开口或堵塞的缺陷，例如，工件经喷丸处理或喷砂，可能堵塞表面缺陷的"开口"，难以定量地控制检测操作质量，多凭借检测人员的经验、认真程度和视力的敏锐程度。

4. 渗透检测程序

1）表面处理

对表面处理的基本要求是，任何可能影响渗透检测的污染物必须清除干净，同时，又不能损伤被检工件的工作功能。渗透检测工作准备范围应从检测部位四周向外扩展 25mm 以上。

污染物的清除方法有机械清理、化学清洗和溶剂清洗，在选用时应进行综合考虑。特别注意，涂层必须用化学的方法进行去除而不能用打磨的方法。

2）渗透剂的施加

常用的渗透剂施加方法有喷涂、刷涂、浇涂和浸涂。

渗透时间是一个很重要的因素，一般来说，施加渗透剂的时间不得少于 10 min，对于应力腐蚀裂纹，因其特别细微，渗透时间需更长，可以长达 2h。

渗透温度一般控制在 10 ～ 50℃ 范围内，温度太高，渗透剂容易附在被检工件上，给清洗带来困难；温度太低，渗透剂变稠，动态渗透参量受到影响。当被检工件的温度不在推荐范围内时，可进行性能对比试验，以此来验证检测结果的可靠性。

在整个渗透时间内应让被检工件表面处于润湿状态。

3）渗透剂的去除

在去除渗透剂时，既要防止清洗过度又要防止清洗不足。清洗过度可能导致缺陷显示不出来或漏检；清洗不足又会使得背景过浓，不利于观察。

（1）水洗型渗透剂的去除。水温为 10 ～ 40℃，水压不超过 0.34MPa，在得到合适的背景的前提下，水洗的时间越短越好。

（2）后乳化型渗透剂的去除。乳化工序是后乳化型渗透检测工艺的最关键步骤，必须严格控制乳化时间，防止过乳化，在得到合适的背景的前提下，乳化的时间越短越好。

（3）溶剂去除型渗透剂的去除。应注意不得往复擦拭，不得用清洗剂直接冲洗被检表面。

4）显像剂的施加

显像剂的施加方式有喷涂、刷涂、浇涂和浸涂等。喷涂时距离被检表面为 300 ～ 400mm，喷涂方向与被检面的夹角为 30°～ 40°，刷涂时一个部位不允许往复刷涂几次。

5）观察

观察显示应在显像剂施加后 7 ～ 60min 内进行。

观察的光源应满足要求，一般白光照度应大于 1000lx，无法满足时，不得低于 500lx；荧光检测时，暗室的白光照度不应大于 20lx；距离黑光灯 380mm 处，被检表面辐照度不低于 $1000\mu W/cm^2$。

在进行荧光检测时，检测人员进入暗室应有暗适应时间。

6）缺陷评定

按照标准要求进行记录和评定。

5. 渗透检测常见缺陷显示

渗透检测的显示和磁粉检测相同，也分为相关显示、非相关显示和伪显示。

气孔的显示一般呈圆形、椭圆形或长圆条形红色亮点或黄绿色荧光亮点，并均匀地向边缘减淡。由于回渗现象较严重，显示通常会随显像时间的延长而迅速扩展。

热裂纹显示一般呈略带曲折的波浪状或锯齿状红色细条线或黄绿色细条状。

冷裂纹显示一般呈直线状红色或明亮黄绿色细线条，中部稍宽，两端尖细，颜色或亮度逐渐减淡，直到最后消失。

疲劳裂纹的显示呈红色光滑线条或黄绿色荧光亮线条。

白点显示为在横向断口上呈辐射状不规则分布的小裂纹,在纵向断口上呈弯曲线状或圆形、椭圆形斑点。

未熔合显示为直线状或椭圆状的红色条状或黄绿色荧光亮线条。

未焊透显示为一条连续或断续的红色线条或黄绿色荧光亮线条,宽度一般较均匀。

2.5.4 超声检测(UT)

2.5.4.1 检测原理

超声波是频率高于 20kHz 的机械波。在超声探伤中常用的频率为 0.5～10MHz。这种机械波在材料中能以一定的速度和方向传播,遇到声阻抗不同的异质界面(如缺陷或被测物件的底面等)就会产生反射。这种反射现象可被用来进行超声波探伤。最常用的是脉冲回波探伤法。探伤时,脉冲振荡器发出的电压加在探头上(用压电陶瓷或石英晶片制成的探测元件),探头发出的超声波脉冲通过声耦合介质(如机油或水等)进入材料并在其中传播,遇到缺陷后,部分反射能量沿原途径返回探头,探头又将其转变为电脉冲,经仪器放大而显示在示波管的荧光屏上。根据缺陷反射波在荧光屏上的位置和幅度(与参考试块中人工缺陷的反射波幅度作比较),即可测定缺陷的位置和大致尺寸。除回波法外,还有用另一探头在工件另一侧接收信号的穿透法。利用超声法检测材料的物理特性时,还经常利用超声波检测在工件中的声速、衰减和共振等特性。

2.5.4.2 超声检测的适用范围

脉冲回波探伤法通常用于锻件、焊缝及铸件等的检测,可发现工件内部较小的裂纹、夹渣、缩孔、未焊透等缺陷。被探测物要求形状较简单,并有一定的表面光洁度。为了成批地快速检查管材、棒材、钢板等型材,可采用配备有机械传送、自动报警、标记和分选装置的超声探伤系统。除探伤外,超声波还可用于测定材料的厚度。使用较广泛的是数字式超声测厚仪,其原理与脉冲回波探伤法相同,可用来测定化工管道、船体钢板等易腐蚀物件的厚度。

2.5.4.3 超声检测的优缺点

1. 超声检测的优点

超声检测穿透能力较大,例如,在钢中的有效探测深度可达 1m 以上;对平面型缺陷(如裂纹、夹层等),探伤灵敏度较高,并可测定缺陷的深度和相对大小;设备轻便,操作安全,易于实现自动化检验。

2. 超声检测的缺点

超声检测不宜用于检查形状复杂的工件,要求被检查表面有一定的光洁度,并需有耦合剂充填满探头和被检查表面之间的空隙,以保证充分的声耦合。对于有些粗晶粒的铸件和焊缝,因易产生杂乱反射波而较难应用。此外,超声检测还要求有一定经验的检验人员来进行操作和判断检测结果。

2.5.4.4 超声检测的步骤

(1)工件准备。包括探伤面的选择、表面清理和探头移动区的确定。

(2)探伤频率选择。探伤频率过高,近场区长度大,衰减大,因此在保证灵敏度的前提下,尽可能选用较低的频率。

（3）调节仪器。调节探伤范围和调整灵敏度。

（4）修正操作。因校准试块与实际工件表面状态不一致或材质不同而造成耦合损耗差异或衰减损失，为了给予补偿，应进行修正操作。

（5）扫查确定缺陷的形状及位置。

（6）评定缺陷。

2.5.4.5　超声检测缺陷定性

目前，A 型显示超声检测是应用最广泛的一种方法，但是，这种方法对缺陷定性定量都有一定的不准确度，检测结果受到检测人员的经验等人为影响较大。在判断缺陷性质时，需要根据被检材料中典型缺陷的分布规律和回波特征来确定。

2.5.5　声发射无损检测（AE）

2.5.5.1　检测原理

材料或结构受外力或内应力作用变形或断裂时，或内部缺陷状态发生变化时，以弹性波方式释放出应变能的现象称为声发射。

2.5.5.2　声发射技术的特点

（1）声发射法适用于实时动态监控检测，且只显示和记录扩展的缺陷。这意味着与缺陷尺寸无关，而是显示正在扩展的最危险缺陷。因而，应用声发射检验方法时，可以对缺陷不按尺寸分类，而按其危险程度分类。这样分类，构件在承载时可能出现工件中应力较小的部位尺寸大的缺陷不划为危险缺陷，而应力集中的部位按规范和标准要求允许存在的缺陷因扩展而被判为危险缺陷。声发射法的这一特点原则上可以按新的方式确定缺陷的危险性。因此，在起重机械等产品的荷载试验工程中，若使用声发射检测仪器进行实时监控检测，既可弥补常规无损检测方法的不足，也可提高试验的安全性和可靠性，同时利用分析软件还可对以后的运行安全做出评估。

（2）声发射技术对扩展的缺陷具有很高的灵敏度。其灵敏度大大高于其他方法。例如，声发射法能在工作条件下检测出 10^{-1} mm 数量级的裂纹增量，而传统的无损检测方法则无法实现。

（3）声发射法的特点是整体性。用一个或若干个固定安装在物体表面上的声发射传感器可以检验整个物体。缺陷定位时不需要使传感器在被检物体表面扫描（而是利用软件分析获得），因此，检验及其结果与表面状态和加工质量无关。假如难以接触被检物体表面或不可能完全接触时，整体性特别有用。检验大型的和较长物体（如桥机梁、高架门机等）的焊缝时，这种特性的优势更明显。

（4）声发射法一个重要特性是能进行不同工艺过程和材料性能及状态变化过程的检测。声发射法还提供了讨论有关物体材料的应力 – 应变状态的变化。所以，声发射技术是探测焊接接头焊后延迟裂纹的一种理想手段。

（5）对于大多数无损检测方法来说，缺陷的形状和大小、所处位置和方向都是很重要的，因为这些缺陷特性参数直接关系到缺陷漏检率。而对声发射法来说，缺陷所处位置和方向并不重要，换句话说，缺陷所处位置和方向并不影响声发射的检测效果。

（6）声发射法受材料的性能和组织的影响比较小。例如，材料的不均匀性对射线照相和超声波检测影响很大，而对声发射法则无关紧要。

（7）使用声发射法比较简单，现场声发射检测监控与试验可同步进行，不会因使用了声发射检测而延长试验工期；检测费用也较低，特别是对于大型构件整体检测，其检测费用远低于射线或超声检测费用；可以实时地进行检测和结果评定。

2.5.5.3　声发射技术在起重机械上的应用

通过获取起重机工作过程中的多种常见典型声发射源及其特性，实现对起重机的动态无损检测监测。

最早的应用是 Carlyle J. M 在 50t 港口门座起重机上进行的声发射测试。Gordon R Drummond 等采用了声发射线性定位方法检测了航空母舰上的电动桥式起重机主梁的载荷实验过程，其研究指出，与仅进行载荷测试相比，结合定期的载荷测试和声发射检测可以获取更多的关于起重机主梁完整性的信息；采用声发射技术不但能定性地分析威胁完整性的裂纹等缺陷，同时也可以进行定量分析。在国内，骆红云等对某港口的翻车机 C 型环和装船机的主梁部件，采用区域、线性、平面等十几个定位阵列，进行了声发射实时检测，并对声发射源进行了危险等级划分；田建军等进行了 QY8C 型汽车起重机臂梁起吊过程的声发射检测，指出在重要受力支撑点和变截面应力分布不均匀位置有较多的声发射信号产生。但是，迄今为止，我国关于声发射技术在起重机金属结构中的无损检测和完整性评价方面的研究和应用还没有形成成熟的研究和应用方法。

2.5.6　超声波衍射时差检测技术（TOFD）

超声波衍射时差检测技术利用固体中声速最快的纵波在缺陷端部产生衍射能量来进行检测。它是采用一对频率、尺寸、角度相同的纵波斜探头进行探伤，一个作为发射探头，另一个作为接收探头，两探头相向对置且探头中心在同一直线上。发射探头发射出斜入射纵波，若无缺陷，接收探头首先接收到在两个探头之间以纵波进行传播的直通波，然后接收到底面反射的回波。如果工件中存在缺陷，则在缺陷的上下端点除普通的反射波外，还将分别产生衍射波，衍射能量源于缺陷端部。上下端点的两束衍射信号出现在直通波和底面反射波之间。缺陷两端点的信号根据衍射信号传播时差判定缺陷高度的量值，在时间上是可分辨的。

2.5.7　超声波相控阵检测技术

超声波相控阵检测技术是指按一定的时序和规则激发一组探头晶片，通过调整受激发晶片的数量、序列和时间来控制波束形成的形状、轴线偏转角度及焦点位置等参数的超声波电子扫查方式。它的原理是，由多个排列成一定形状的换能器阵元构成超声阵列换能，每个阵元均可接收或发射超声波，调整每个换能器阵元发射/接收的相位延迟，可以使不同相位的超声子波束在空间叠加干涉，达到声束偏转和聚焦的效果，即相控阵检测利用了声场的叠加干涉原理。

2.5.8　超声测厚

超声测厚是利用超声波脉冲回波技术在非破坏情况下对起重机上许多重要结构和部件进行精确测量，一般壁厚 10 mm 以下的工件测量精度可达 0.01 mm。超声测厚所使用的仪器是超声测厚仪。超声测厚仪的工作原理是，它的脉冲发生器以一个窄电脉冲激励专用高阻尼压电换能器，此脉冲为始脉冲。一部分由始脉冲激励产生的超声信号在材料界面反射，这一信号称为始波；其余部分透入材料，并从平行对面反射回来，这一返回信号称为背面回波。始波与背面回波之间的时间间隔代表了超声信号穿过被测件的声程时间。若测得声程时间则可由式(2-7)确定被测件厚度，而测厚时声速是确定的。

$$d = \frac{ct}{2}, \tag{2-7}$$

式中，d 为被测件厚度，m；c 为超声波在被测件中的传播速度（即声速），m/s；t 为声程时间，s。

2.5.9　激光无损检测

激光由于具有单色性好、能量高度集中、方向性很强等特点，在无损检测领域的应用不断扩大，并逐渐形成了激光全息、激光散斑、激光超声等无损检测新技术。

激光全息是激光无损检测中应用最早、最多的一种方法，其基本原理是，通过对被测物体施加外加载荷，利用有缺陷部位的形变量与其他部位不同的特点，通过加载前、后所形成的全息图像的叠加来判断材料、结构内部是否存在不连续性。作为一种干涉计量术，激光全息技术可以检测微米级的变形，灵敏度极高，具有不需接触被测物体，检测对象不受材料、尺寸限制，检测结果便于保存等优点，已应用在复合材料、印制电路板、飞机轮胎等的缺陷检测中。

应用激光可实现非接触式的高灵敏度测量，但不能通过非透明材料的内部，而超声波却可以。激光超声技术是近年无损检测领域中迅速发展并得到工程应用的一项十分引人注目的新技术。其基本原理是，使激光与被测材料直接作用激发出超声波，或利用被测材料周围的物质作为中介来产生超声波，然后运用表面栅格衍射、反射等非干涉技术或差分、光外差等干涉技术，利用激光检测所产生的超声波，从而确定被测材料的缺陷。激光超声技术不使用耦合剂，有极强的抗干扰能力，易于实现远距离的遥控，可以在恶劣环境中进行检测，并能实现工件的在线检测，具有快速、非接触、不受被检对象结构形状影响等优点，目前已在航空领域得到较好的应用。

2.5.10　红外无损检测

红外检测是基于红外辐射原理，通过扫描记录或观察被检测工件表面上由于缺陷所引起的温度变化来检测表面和近表面缺陷的无损检测方法。它可分为有源红外检测（主动红外检测）和无源红外检测（被动红外检测）。红外检测的主要设备有红外热像仪、红外探测器等。红外检测具有非接触、遥感、大面积、快速有效、结果直观等优点。

红外热成像无损检测技术是新发展起来的材料缺陷和应力检查的方法，受到广泛的关注。对于任何物体，不论其温度高低都会发射或吸收热辐射，其大小除与物体材料种类、形貌特征、化学与物理学结构（如表面氧化度、粗糙度等）特征等有关外，还与波长、温度有关。红外照相机就是利用物体的这种辐射性能来测量物体表面温度场的。它能直接观察到人眼在可见光范围内无法观察到的物体外形轮廓或表面热分布，并能在显示屏上以灰度差或伪彩色的形式反映物体各点的温度及温度差，从而把人们的视觉范围从可见光扩展到红外波段。

红外热成像无损检测技术是一种利用红外热成像技术，通过主动式受控加热来激发被检测物中缺陷的无损检测。该方法使用大功率闪光灯、超声波、激光、微波和电磁感应等作为热源，具有适用面广、速度快、直观、可定量测量等优点。作为一项通用技术，红外无损检测具有很强的应用性和可拓展性，有着十分广泛的应用前景。

2.5.11　微波无损检测

微波无损检测技术是将在 $330 \sim 3300$ MHz 中某段频率的电磁波照射到被测物体上，通过分析反射波和透射波的振幅和相位变化以及波的模式变化，了解被测样品中的裂纹、裂缝、气孔等缺陷，确定分层媒质的脱粘、夹渣等的位置和尺寸，检测复合材料内部密度的不均匀程度。

微波的波长短、频带宽、方向性好、贯穿介电材料的能力强，类似于超声波。微波也可以同时在透射或反射模式中使用。而且微波不需要耦合剂，避免了耦合剂对材料的污染。由于微波能穿透声衰减很大的非金属材料，因此该技术最显著的特点在于可以进行最有效的无损扫描。微波的极比特性使材料纤维束方向的确定和生产过程中非直线性的监控成为可能。它还可提供精确的数据，使缺陷区域的大小和范围得以准确测定。此外，采用该技术，无须做特别的分析处理，就可随时获得缺陷区域的三维实时图像。微波无损检测设备简单，费用低廉，易于操作，便于携带。由于微波不能穿透金属和导电性能较好的复合材料，因而不能检测此类复合结构内部的缺陷，只能检测金属表面裂纹缺陷及粗糙度。

3 失效分析

特种机电设备使用环境复杂，系统与系统之间、结构与结构之间的相互作用错综复杂，再加上外界环境因素（如天气变化、风力、海水腐蚀等）的影响，造成机械零部件或结构失效的原因很多，致使失效分析任务非常繁重，而且特种机电设备多为大型机械设备，动辄数百吨乃至上千吨，更增加了失效分析工作的难度。

此外，在失效分析过程中，取样、制样、测试、分析都非常关键，尤其是取样，大部分失效分析残骸上只容许取一次关键样，因此，依据科学的思路与方法制订正确的失效分析程序，对指导整个失效分析过程和保证失效分析的顺利进行具有重要意义。本章重点讨论失效分析的思路与方法等问题。

3.1 失效分析的思路

3.1.1 失效分析的原则

当特种机电设备发生失效问题时，失效分析工作者除应具备必要的专业知识外，还应具备正确的思想方法。在失效分析过程中，其思维学、推理思路与方法论的核心是分析理论、技术与方法。国内外许多专家对此进行了深入研究，对失效分析应该遵循的基本原则和方法进行了总结，这些经验是我们应该遵循的。

1. 整体观念原则

失效分析工作者在失效分析时，要树立整体观念。一套机械设备在运行过程中由于某个机械部件失效引起停车，往往都会与相邻的其他部件、周围环境的条件或状态、操作人员的使用情况及管理与维护等等有一些联系。因此，一个典型的失效分析案例必须把设备—环境—人当作一个整体来考虑，尽可能调查清楚设备会出哪些问题，环境能造成哪些问题，人为因素能造成哪些问题。然后根据调查资料及检验结果，采用"排除法"把不可能造成设备故障的因素逐个审查排除。如果孤立地对待失效部件，或局限于某一个小环境，问题往往得不到解决。

对于大型机械设备尤其是特种机电设备整体的失效分析必须遵循整体观念原则，即使对于局部零部件失效，也应遵循这一原则。实际上，任何一个失效分析活动都是一次系统工程的实践。

2. 从现象到本质原则

从失效分析现象开始分析问题，进而找到产生现象的原因，也就是失效分析的本质原因，才能解决失效问题。例如，分析一个断裂轴，它承受的是交变载荷，并且在断口上发现有很清晰的贝壳花纹、疲劳辉纹等，根据这些现象可以判断属于疲劳断裂，但是，这仅仅是一个现象的论断，而不是失效分析本质的结论。对于一个疲劳断裂的零件，仅仅判断其是疲劳失效是不够的，更难更关键的是要确定为什么会发生疲劳断裂。导致疲劳失效的原因有很多，因此在失效分析中，不应只满足于找到断裂或其他失效机制，更重要的是找到失效的本质原因，进而提出解决措施，达到失效分析的真正目的，即避免再次失效。

3. 动态原则

动态原则是指机械设备性能、参数以及周围的环境、条件都在发生变化。例如，一个部件的受力条件，环境的温度、湿度和介质等外部条件的变化，产品本身的有些元素随时间而发生的内在变化，甚至操作人员的变化，都应包括在这一原则中。在失效分析时，应当将这些变化条件考虑进去。

4. 一分为二原则

一分为二这个认识论的原则用于失效分析时，通常是指对进口产品、名牌产品等不要盲目地认为没有缺点。大量的事实表明，我国引进的设备不少失效是由于设计、用材、制造工艺和漏检引起的。

5. 立体性原则

客观事物总是在不同的时空范围内变化，那么同一设备在不同的服役阶段、不同的环境，就具有不同的性质或特点。所有特种机电设备的失效都服从"浴盆曲线"，这是从设备本身来看的特点；另外，同一温度、介质在服役的不同阶段所起的作用也会不同，这些都会使产品的失效问题变得复杂。例如，同一产品在不同的工况条件下可能产生不同的失效模式，也可能产生同一失效模式。即使同一结构件，在相同的工况条件下，在结构件的不同部位，也会产生不同的失效模式。

除上述基本原则外，在失效分析思路方法上还应注意尽可能采用以下方法：

第一，比较方法。选择一个没有失效的而且整个系统能与失效系统一一对比的系统，将其与失效系统进行比较，从中找出差异，这样将有利于尽快地找出失效的原因。

第二，历史方法。历史方法的客观依据是物质世界的运动变化和因果制约性，就是根据设备在同样的服役条件下过去表现的情况和变化规律，来推断现在失效的可能原因。这主要依赖过去失效资料的积累，运用归纳法和演绎法来分析失效原因。

第三，逻辑方法。就是根据背景资料（设计、材料、制造的情况）和失效现场调查材料以及分析、测试获得的信息进行分析、比较、综合、归纳，作出判断和推论，进而得出可能的失效原因。

另外，在实际失效分析中，还要抓住关键问题。在众多的影响因素和失效模式中，要抓住导致零件失效的关键因素。一个零件的失效，表观上可能有多种表象，一定要排除次要因素。这并不是说这些因素不能导致零件失效，但针对一个具体零件的具体失效，这些因素可能不是关键因素。但同时要注意，关键问题解决了，原来不是关键的问题变成了关键问题，要遵循动态原则，提出防止失效的措施。

上述基本原则方法的掌握和运用水平，决定着失效分析的速度和结论正确的程度。掌握这些原则方法，可以防止失效分析人员在认识上的主观片面性和技术运用上的局限性。

在判断和推论上应该实事求是，不能作无事实根据的推论。

3.1.2 常用的失效分析思路及方法

所谓失效分析思路，就是从失效现象寻找失效原因或者"顺藤摸瓜"的分析思路。失效分析思路是指导失效分析全过程的思维路线，是在思想中以机械失效的规律（即宏观表象特征和微观过程机理）为理论依据，把通过调查、观察和实验获得的失效信息（失效对象、失效现象、失效环境统称为失效信息）分别加以考察，然后有机结合起来作为一个统一整体综合考虑，以获取的客观事实为证据，全面应用推理的方法，来判断失效事件的失效模式，并推断失效原因。因此，失效分析思路在整个失效分析过程中一脉相承、前后呼应，自成思考体系，把失效分析的指导思路、推理方法、程序、步骤、技巧有机地融为一体，从而达到失效分析的根本目的。

在科学的分析思路指导下，才能制订出正确的分析程序。机械的失效往往是多种原因造成的，即一果多因，常常需要正确的失效分析思路的指导。对于复杂的机械失效，涉及面广，任务艰巨，更需要正确的失效分析思路，以最小代价来获取较科学合理的分析结论。总之，掌握并运用正确的分析思路，才可能对失效事件有本质的认识，减少失效分析工作中的盲目性、片面性和主观随意性，大大提高工作的效率和质量。因此，失效分析思路不仅是失效分析学科的重要组成部分，而且是失效分析的灵魂。

失效分析是从结果求原因的逆向认识失效本质的过程，结果和原因具有双重性，因此，失效分析可以从原因入手，也可以从结果入手，还可以从失效的某个过程入手。例如，"顺藤摸瓜"，即以失效过程中间状态的现象为原因，推断过程进一步发展的结果，直至过程的终点结果；"顺藤找根"，即以失效过程中间状态的现象为结果，推断该过程前一步的原因，直至过程起始状态的直接原因；"顺瓜摸藤"，即从过程中的终点结果出发，不断由过程的结果推断其原因；"顺根摸藤"，即从过程起始状态的原因出发，不断由过程的原因推断其结果。再如，"顺瓜摸藤＋顺藤找根""顺根摸藤＋顺藤摸瓜""顺藤摸瓜＋顺藤找根"等。

1. 逐因素排除法

一桩失效事件不论是属于大事故还是小故障，其原因总是包括操作人员、机械设备系统、材料、制造工艺、环境和管理 6 个方面。根据失效现场的调查和对背景资料（规划、设计、制造说明书和蓝图）的了解，可以初步确定失效原因与其中一两个方面、甚至只与一个方面有密切的关系。这就是 5M1E（Man（人）、Machine（机器设备）、Material（材料）、Method（工艺制作方法）、Management（管理）、Environment（环境条件））的失效分析思路。

如果失效已确定纯属机械问题，则以设备制造全过程为一系统进行分析，即对机械经历的规划、设计、选材、机械加工、热处理、二次精加工、装配、调试等制作工序逐个进行分析，逐因素排除。加工缺陷、铸造缺陷、焊接缺陷、热处理不当、再加工缺陷、装配检验中的问题、使用和维护不当、环境损伤等方面，含有上百个可能引起机械失效的主要因素。

上述"撒大网"逐个因素排除的思路，面面俱到，它怀疑一切，不放过任何一个可疑点。"撒大网"思路是早期安全工作中惯用的事故检查思路。一般不宜采用"撒大网"的办法，只有当找不到任何确切线索时，才用这种方法。

2. 残骸分析法

残骸分析法是从物理、化学的角度对失效零件进行分析的方法。零件的失效是由于零件广义的失效抗力小于广义的应力，而应力则与零件的服役条件有关，因此，失效残骸分析法总是以服役条件、断口特征和失效的抗力指标为线索。

　　零件的服役条件大致可以划分为静载荷、动载荷和环境载荷。以服役条件为线索就是要找到零件的服役条件与失效模式和失效原因之间的内在联系。但是，实践表明，同一服役条件下，可能产生不同的失效模式；同样，同一种失效模式，也可能在不同的服役条件下产生。因此，以服役条件为线索进行失效残骸的失效分析，只是一种初步的入门方法，它只能起到缩小分析范围的作用。

　　断口特征是断裂失效分析重要的证据，它是残骸分析中断裂信息的重要来源之一。但是，在一般情况下，断口分析必须辅以残骸失效抗力的分析，才能对断裂的原因下确切的结论。

　　以失效抗力指标为线索的失效分析思路，如图 3-1 所示，关键是在搞清楚零件服役条件的基础上，通过残骸的断口分析和其他理化分析，找到造成失效的主要失效抗力指标，并进一步研究这一主要失效抗力指标与材料成分、组织和状态的关系。通过材料工艺变革，提高这一主要的失效抗力指标，最后进行机械的台架模拟试验或直接进行使用考验，达到预防失效的目的。

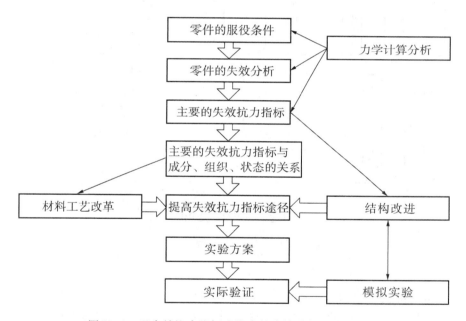

图 3-1　以失效抗力指标为线索的失效分析思路示意图

　　很明显，以失效抗力指标为线索的失效分析思路是材料工作者常用的、比较综合的一种方法。它也是工程材料开发、研究和推广使用的有效方法之一。要注意的是，在不同的服役条件下，要求零件（或材料）具有不同的失效抗力指标，其实质是要求其强度与塑性、韧性之间有合理的配合。因此，研究零件（或材料）的强度、塑性（或韧性）等基本性能及它们之间的合理配合与具体服役条件之间的关系就是这一思路的核心，而进一步研究失效抗力指标与材料（或零件）的成分、组织、状态之间的关系（图 3-2）是提高其失效抗力的有效途径。

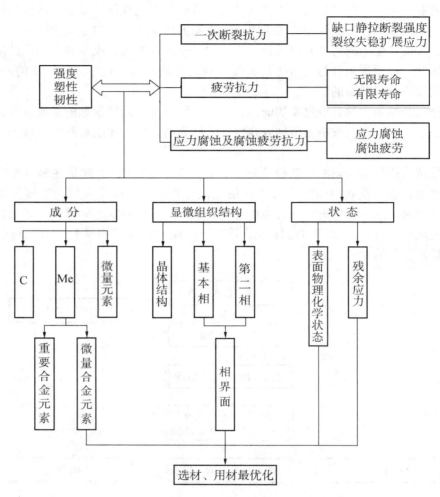

图 3 - 2　失效抗力指标与材料(或零件)的成分、组织、状态关系示意图

3. 失效树分析法

失效树分析法是一种逻辑分析方法。逻辑分析法包括事件树分析法(简称 ETA)、管理失误和风险树分析法(简称 MORT)和失效树分析法(简称 FTA)等。这里只介绍失效树分析法。

失效树分析早在 20 世纪 60 年代初就由美国贝尔研究所首先用于民兵导弹的控制系统设计上,为预测导弹发射的随机失效概率作出了贡献。此后许多人对失效树分析的理论和应用进行了研究。1974 年美国原子能管理委员会主要采用失效树分析法分析商用原子反应堆安全性的 Wash - 1400 报告,进一步推动了对失效树的研究和应用。迄今 FTA 法在国外已被公认为当前对复杂安全性、可靠性分析的一种好方法。

失效树分析法的思路是:在系统设计过程中,通过对可能造成系统失效的各种因素(包括软件、硬件、环境、人为因素等)进行分析,画出逻辑框图(即失效树),从而确定系统失效原因的各种可能的组合方式或发生概率,以计算系统失效概率,采取相应的纠正措施，以提高系统可靠性。

FTA法具有很大的灵活性，它不是局限于对系统可靠性作一般的分析，而是可以分析系统的各种失效状态；不仅可分析某些元部件失效对系统的影响，还可以对导致这些元部件失效的特殊原因进行分析。

FTA法是一种图形演绎方法，是失效事件在一定条件下的逻辑推理方法。它可以围绕某些特定的失效状态作层层深入的分析，因而在清晰的失效树图形下，表达了系统的内在联系，并指出元部件失效与系统之间的逻辑关系，可以找出系统的薄弱环节。

FTA法不仅可以进行定性的逻辑推导分析，而且可以定量地计算复杂系统的失效概率及其他的可靠性参数，为改善和评估系统的可靠性提供定量的数据。

FTA法的步骤，因评价对象、分析目的、精细程度等而不同，但一般可按如下的步骤进行：①失效树的建造；②失效树的定性分析；③失效树的定量分析；④基本事件的重要度分析。

失效树的建造是一件十分复杂和仔细的工作，要注意以下几点：

（1）失效分析人员在建树前必须对所分析的系统有深刻的了解。

（2）失效事件的定义要明确，否则树中可能出现逻辑混乱乃至矛盾、错误。

（3）选好顶事件。若顶事件选择不当就有可能无法分析和计算。对同一个系统，选取不同的顶事件，其结果是不同的。在一般情况下，可以通过初步的失效分析，从各种失效模式中找出该系统最可能发生的失效模式作为顶事件。

（4）合理确定系统的边界条件——规定所建立的失效树的状况。有了边界条件就明确了失效树建到何处为止。边界条件一般包括确定顶事件、确定初始条件和确定不许可的事件等。

（5）对系统中各事件之间的逻辑关系及条件必须分析清楚，不能有逻辑上的紊乱及条件上的矛盾。

例如，低合金超高强度钢一般在低温回火或等温（马氏体等温或贝氏体等温）淬火状态下使用，在服役期间，低合金超高强度钢也常发生断裂失效（破坏），失效树的顶事件就是构件的破坏。这种破坏可由不同的事件（如疲劳、过载、应力腐蚀开裂及具有最大可能性的氢脆等等）造成。这些事件，每一个都通过或门与顶事件相连（见图3-3）。断口分析表明，失效残骸的断口形态不同于过载和疲劳。因此，过载和疲劳是不发展事件，并分别用菱形表示。

当然，在图3-3中，如果断口分析不能排除这些事件，那么仍有必要进一步地发展。对于氢脆来说，它是在临界应力强度和临界含氢量共同作用下发生的，因此临界应力强度（事件15）和临界含氢量（事件14）应采用与门与氢脆（事件4）相连，其中临界含氢量为不发展事件。

应力腐蚀开裂（事件3）则是临界应力强度（事件6）和造成开裂元素的临界浓度可以是临界氢浓度（事件10），也可以是除氢以外的其他物质的临界含量（事件11），这样事件10和事件11应用或门与事件7相连。事件10和事件11均为不发展事件，故均用菱形框表示。可以看出，如果认为应力腐蚀开裂与氢脆都是由于临界应力强度上临界氢浓度引起的，那么在失效树的第1行不能区分应力腐蚀开裂和氢脆，不过，应力腐蚀开裂和氢脆应该在断裂源的起始位置上找到差别。应力腐蚀开裂的临界氢浓度应在暴露表面上显示出

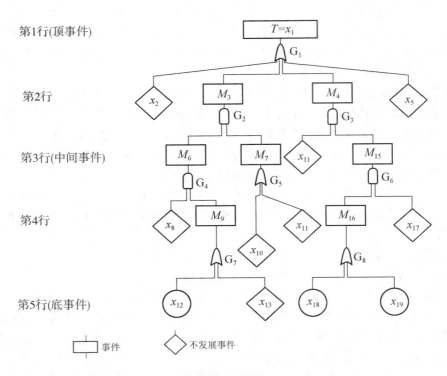

第1行(顶事件)

第2行

第3行(中间事件)

第4行

第5行(底事件)

□ 事件　　　◇ 不发展事件

图 3 - 3　某超高强度钢构件破坏的失效树

来，所以它的断裂源一般在暴露表面上；而氢脆的临界氢浓度可能在电镀表面或次表面先达到，所以它的断裂源应在电镀表面上或次表面上。因此，是应力腐蚀开裂还是氢脆在失效树的第 2 行就可以初步确定了。虽然应力腐蚀开裂和氢脆的条件之一都是临界应力强度，并且它们的临界应力强度都取决于构件上的载荷(事件 8 和事件 16)和材料的流变应力大于材料的临界门槛应力 σ_i(当然，应力腐蚀的门槛应力数值与氢脆的门槛应力数值不同)，但是，由于应力腐蚀开裂一般起始于暴露表面，构件的表面流变应力对构件的平均载荷不敏感，而对表面的加工缺陷等原因所造成的应力集中或应变集中则十分敏感，因而在应力腐蚀系统中，加工缺陷处的流变应力大于材料的应力腐蚀门槛应力用或门与事件 9 相连；在氢脆系统中，由于氢脆一般起源于电镀层的次表面，构件上的载荷(事件 16)可以是施加的载荷(事件 18)，也可以是构件内部的残余应力(事件 19)，故事件 18 和事件 19 用或门与事件 16 相连。材料的氢脆门槛应力受表面加工缺陷的影响较小，不需要进一步展开分析了(事件 17 为不发展事件)。

　　从以上 FTA 法在构件断裂失效分析中的具体应用情况可以看出，FTA 法可以对特定的失效事件作层层深入的逻辑推理分析，在清晰的失效树的帮助下，最后找到这一特定失效事件的失效原因或该构件的薄弱环节，因此，FTA 法是进行失效分析的好方法之一。

　　失效树建立后可以进行定性的或定量的分析。失效树的定性分析的目的是为了寻找系统的最薄弱的环节，即发现系统最容易发生失效的环节，以便集中力量解决这些薄弱环节，提高系统的可靠性。失效树的定量分析的任务就是要计算或估计系统顶事件发生的概率及系统的一些可靠性指标。一般来说，多部件复杂系统的失效树定量分析是十分困难的。有时无法用解析法求其精确结果，而只能用一些简化的方法进行估算。

4. 数理统计分析法

近年来，数理统计法在失效分析中也得到了广泛应用，与上述分析方法不同之处在于，它所研究的失效问题通常不是某个具体的失效事件，而是某类产品中的一批在某一个时段内的失效规律。

图 3 - 4 所示为一批产品的失效率和时间的关系曲线（浴盆曲线），就是利用统计方法获得的，以使用时间为横坐标，而以失效率或经济损失为纵坐标绘制曲线。从图中可以清晰地看出，应该优先考虑哪个失效模式、失效方式和失效部位。

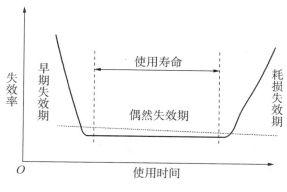

图 3 - 4　浴盆曲线

在失效分析中往往遇到这样的情况，即找出的某种失效模式与多种因素有关，此时需要进一步确定是哪种因素起主导作用，只有针对主要影响因素所采取的改进措施才是行之有效的。为了解决这类问题，常用数理统计的方法。

另外，失效分析思路方法还有以下几种类型：①特征—因素图分析法；②故障率预测法；③失效模式及后果分析法；④模糊数学分析法。

失效分析思路是失效分析成败的关键，特别是在复杂的失效分析过程中，失效分析思路显得尤为重要。根据失效状况的不同，需要合理选择正确的失效分析方法。前面介绍了几种常用的分析方法，除此之外还有许多实用的方法，如基于安全系统工程分析法的统计图分析法、文字表格法和逻辑分析法等。

3.2　失效分析的程序和计划

机械产品及零部件常见的失效类型包括变形失效、损伤失效和断裂失效三大类。机械产品及零部件的失效是一个由损伤（裂纹）萌生、扩展（积累）直至破坏的发展过程。不同失效类型，其发展过程不同，过程的各个阶段发展速度也不相同。例如，疲劳断裂过程一般较长，发展速度较慢，而解理断裂失效过程则很短，速度很快。

早期失效是在使用初期，由于设计和制造上的缺陷而诱发的失效。因为使用初期容易暴露上述缺陷而导致失效，所以失效率往往较高。随着使用时间的延长，其失效率则很快下降。若在产品出厂前即进行旨在剔除这类缺陷的过程，则在产品正式使用时便可使失效率大体保持恒定值。

随机失效又称偶然失效，在理想的情况下，产品或装备发生损伤或老化之前，应是无失效的。但是，由于环境的偶然变化、操作时的人为差错或者由于管理不善，仍可能产生随机失效。随机失效率是随机分布的，它很低而且基本上是恒定的。这一时期是产品最佳工作时间。

耗损失效又称损伤累积失效。经过随机失效期后，产品中的零部件已到了寿命后期，于是失效开始急剧增加，这种失效称为耗损失效或损伤累积失效。如果在进入耗损失效期之前进行必要的预防维修，它的失效率仍可保持在随机失效率附近，从而延长产品的随机失效期。

失效分析的总任务就是不断降低产品或装备的失效率，提高可靠性，防止重大失效事故的发生，促进经济高速持续稳定发展。从系统工程的观点来看，失效分析的具体任务可归纳为：①失效性质的判断；②失效原因的分析；③采取措施，提高材料或产品的失效抗力。

3.2.1　失效分析的程序

失效分析是一项复杂的技术工作，它不仅要求失效分析工作人员具备多方面的专业知识，而且要求多方面的工程技术人员、操作者及有关科学工作者的相互配合，才能圆满地解决问题。因此，如果在分析前没有设计出一个科学的分析程序和实施步骤，往往会出现工作忙乱、漏取数据、工作缓慢或走弯路，甚至把分析步骤搞颠倒，使某些应得的信息被另一提前的步骤毁掉。同时，失效分析也是一项与生命财产安全关系重大的严肃工作，工作中切忌主观和片面，对问题的考虑应从多方面着手，严密而科学地进行分析工作，才能得出正确的分析结果和提出合理的预防措施。

由此可见，首先确定一个科学的失效分析程序，是保证失效分析工作顺利而有效进行的前提条件。

进行失效分析时，一般程序如下：

1. 保护失效现场

保护失效现场的一切证据，维持原状、完整无缺和真实不伪，是保证失效分析得以顺利有效地进行的先决条件，失效现场的保护范围视机械设备的类型及其失效发生的范围而定。

2. 失效现场取证和收集背景材料

失效现场取证应由授权的失效分析人员执行，并授权收集一切有关的背景材料。失效现场取证可用摄影、录像、录音和绘图及文字描述等方式进行记录。失效现场取证应注意观察和记录的项目主要有：①失效部件及碎片的名称、尺寸大小、形状和散落方位。②失效部件周围散落的金属屑和粉末、氧化皮和粉末、残留物及一切可疑的杂物和痕迹。③失效部件和碎片的变形、裂纹、断口、腐蚀、磨损的外观、位置和起始点，表面的材料特征，如烧伤色泽、附着物、氧化物和腐蚀生成物等。④失效设备或部件的结构和制造特征。⑤环境条件(失效设备的周围景物、环境温度、湿度、大气和水质)。⑥听取操作人员及佐证人介绍事故发生时的情况(录音记录)。

在观察和记录时要按照一定顺序，避免出现遗漏。例如，观察和记录时应由左向右、由上向下、由表及里和由低倍到高倍等。

　　应收集的背景材料通常有：失效设备的类型、制造厂名、制造日期、出厂批号，用户、安装地点、投入运行日期、操作人员、维修人员、运行记录、维修记录、操作规程和安全规程，该设备的设计计算书及图纸、材料检验记录、制造工艺记录、质量控制记录、验收记录和质量保证合同及其技术文件，还有使用说明书、有关的标准、法规及其他参考文献。同时还须收集同类或相似部件过去曾发生过的失效情况。

　　收集失效件的背景数据，除了解失效零部件在机器中的部位和作用、材料牌号、处理状态等基本情况外，应着重收集下面两方面的资料：

　　一是收集失效件全部制造工艺历史。从取得有关图纸和技术标准开始，了解冶炼、铸造、压力加工、切削加工、热处理、化学热处理、抛光、磨削、各种表面强化和表面处理及装配、润滑情况。

　　二是收集失效件的服役条件及服役历史。除了解载荷性质、加载次序、应力状态、环境介质、工作温度外，应特别注意环境细节和异常工况，如突发超载、温度变化、温度梯度和偶然与腐蚀介质的接触等。

　　3. 失效零部件及全部碎片的外观检查

　　在进行任何清洗之前都应经过彻底的外观检查，用拍照等方法详细做好记录，重点检查内容为：

　　（1）观察整个零部件的变形情况，看是否有镦粗、下陷、内孔扩大、弯曲、颈缩等。

　　（2）观察零部件表面冷热加工质量，如有无过烧、折叠、斑疤等热加工缺陷，有无刀痕、刮伤等机加工缺陷，有无冷热加工造成的裂纹。

　　（3）观察断裂部位是否在键槽、油孔、尖角、加工深刀痕、凹坑等应力集中处。

　　（4）观察零部件表面有无氧化、腐蚀、气蚀、咬蚀、磨损、龟裂、麻点或其他损伤。

　　（5）观察相邻零部件或配件的情况。

　　（6）观察零部件表面有无附着物。

　　4. 实验室检验

　　在检验前，对试验项目和顺序、取样部位、取样方法、试样数量等均应全面、周密地考虑。一般采用的分析手段有下列各项：

　　（1）化学分析。目的是鉴定零部件用材料是否符合原定要求，有无用错材料或成分出格，必要时可分析微量元素或进行微区成分分析。当表面有腐蚀产物时，也应分析腐蚀产物成分。

　　（2）宏观（低倍）分析。主要用于检查原材料或零部件质量，揭示各种宏观缺陷。

　　（3）断口分析。对于断裂失效零部件，断口分析是最重要的一环。断口形貌真实地反映了断裂过程中材料抵抗外力的能力，记录了对材料断裂起决定作用的主裂缝所留下的痕迹。通过对断口形貌特征的分析，不仅可以得到有关零部件使用条件和失效特点的资料，还可以了解断口附近材料的性质和状况，进而可以判明断裂源、裂纹扩展方向和断裂顺序，确定断裂的性质，从而找出断裂的主要原因。断口分析先用肉眼或低倍实体显微镜和立体显微镜从各个角度来观察断口表面的纹理和特征，然后用电子显微镜（特别是扫描电镜）对有代表性的部位进行深入观察，以了解断口的微观特征。

　　（4）微观组织分析。即用金相显微镜、电子显微镜鉴定失效分析的显微组织，观察非金属夹杂物，分析组织对性能的影响，检查铸、锻、焊和热处理等工艺是否恰当，从而由材料的内在因素分析导致失效的原因。

（5）力学性能试验。在必要时可以进行某些项目的力学性能试验，包括断裂韧性试验，以校验该零部件的实际性能是否符合技术要求。

（6）其他检测项目。例如，用 X 射线衍射仪进行定性（如 σ 相）或定量（如残余奥氏体含量）分析，对受力复杂的零部件进行实验应力分析，等等。

3.2.2　失效分析计划

只有在极少数的情况下，通过现场和背景材料的分析就能得出失效原因的结论。大多数失效案例都需根据现场取证和背景材料的综合分析结果来制订失效分析计划，确定进一步分析试验的目的、内容、方法和实施方式。

在制订失效分析计划前要初步确定肇事件（确定肇事件的方法将在后面详细介绍），通过肇事件的分析可以判断失效模式、确定失效原因和机理。失效分析的详细计划是围绕着肇事件进行的，因此，确定肇事件是一项非常重要的工作。

失效分析试验过程通常包括如下内容：①金相检查；②化学成分分析；③无损检测；④材料性能测试；⑤试样的选取、保护和清洗；⑥ 试样的宏观检查和分析；⑦试样的微观检查和分析；⑧断裂力学分析；⑨模拟试验等。

对各项试验方案应考虑其必要性、有效性和经济性。一般宜先从简单的试验方法入手，如有必要时才进一步采用费用高的和较复杂的试验方法。如确实有必要进行失效模拟试验，其设计应尽可能模拟真实的工况条件，使之具有说服力。

从失效部件上和残留物上制取试件或样品，对于失效分析的成败具有十分重要的意义，务必要周密计划切取试样的位置、尺寸、数量和取样方法。应当特别注意，失效部件和残留物上具有说服力的位置和尺寸是十分有限的，一旦取样失误，就无法复原而完全丧失说明力，致使整个失效分析计划归于失败，造成不可挽救的后果。

失效分析计划要留有余地，以便在个别试验中发现意外现象时，为了适应新的情况，可中途改变某些方法，或做补充试验。

执行失效分析计划时失效分析的各项试验应严格遵照计划执行，要有详细记录，随时分析试验结果。

（1）一般都要求在很短的时间内取得试验结果，因此，既要保证按时完成，又要防止在匆忙中发生疏忽和差错。

（2）许多失效分析工作涉及法律问题，因此，各项试验工作应建立严格的责任制度，试验人员应在试验记录和报告上签名。

（3）试件、样品都要直接取自失效实物，一般不能用其他来源的试件样品代替。

（4）失效分析是人们进一步认识未知客观世界的一种科研活动，试验人员切不可在思想上存在先入为主的概念，错误地认为失效分析的试验只不过是已知条件的复演，以致放松对试验过程中出现新现象的观察。实际上，失效分析往往含有新发现和技术突破，试验人员更应注意观察这种试验的全过程。

授权的失效分析人员，要经过充分的讨论，对现场发现、背景材料及各项试验结果做综合分析，确定失效的过程和原因，做出分析结论。特别是在复杂的失效案例情况下，可以用故障树或其他形式的逻辑图分析方法。在大多数情况下，失效原因可能有多种，应努力分清主要原因和次要原因。综合分析讨论会应有详细的发言记录和代表共同意见的会议纪要及与会人员签名,并存入失效案例档案。

研究补救措施和预防措施。失效分析的目的不仅要弄清失效原因,更重要的还在于研究提出有效的补救措施和预防措施。从大量同类和相似失效案例分析积累的丰富经验有利于这类措施的研究。

补救措施和预防措施可能涉及设备的设计结构、制造技术、材料技术、运行技术、修补技术以及质量管理的改进,乃至涉及技术规范、标准和法规的修订建议。这类研究工作量往往很大,除个别简单情况可由承担失效分析的人员进行外,一般由失效分析人员提出问题或补救方案,由负责单位责成有关专业部门或单位进行专题研究,提出研究报告,作为改进设备的依据。

失效分析计划完成后,要撰写失效分析报告。失效分析报告一般可不规定统一的格式,但行文要简练,条目要分明。内容一般应包括下列项目:

(1)题目;

(2)任务来源,包括任务下达者及下达日期,任务内容简述,要求的分析目的;

(3)各项试验过程及结果;

(4)分析结果——失效原因;

(5)补救措施和预防措施或建议;

(6)附件(原始记录、图片等);

(7)失效分析人员签名及日期。

对于大宗同类产品的失效分析,宜规定一定的报告形式,以便于事后的统计分析工作和计算机辅助失效分析。

失效分析评审会的组织形式及其参加人员可由有关方面协商决定,一般宜由失效分析工作人员、失效设备的制造厂商代表、用户代表、管理部门代表、司法部门代表和聘请的其他专家组成。各方面代表应本着尊重科学、尊重事实和法律的态度履行其评审职责,不得对失效分析人员以任何形式施加不正当的压力和影响。失效分析人员的客观公正立场应受维护和尊重。

失效分析报告通过评审后,按评审决议修改并制定成报告正式文本。内容项目除起草报告中的7项外,还宜增加下列3项:

(1)评审意见,包括评审人员签名及日期;

(2)呈送及抄送单位,包括抄送反馈系统;

(3)密级。

失效分析成果反馈系统是失效分析成果的管理系统,目的在于充分利用失效分析所获得的宝贵技术信息推动技术革新,提高产品质量,促进科学进步。

失效分析的反馈系统可采取多种组织形式,例如,可与企业的技术开发和情报部门结合,可与国家的质量管理部门、可靠性研究中心、数据中心及数据交换网相结合。把输入的大量失效分析报告和来自数据交换网的其他信息,经过分类、统计分析、数据处理,制成各种形式的文献,如快报、数据手册、指导性文件、年鉴和书刊等,传递到各个经济部门、生产部门、科研部门、教育部门和司法部门及新闻部门,把失效造成的损失化为巨大的效益。

3.3 防止失效的思路及失效分析的方法

3.3.1 防止失效的思路

防止失效的基本思路是：

（1）对具体服役条件下的零部件进行具体分析，从中找出主要的失效形式及主要的失效抗力指标。

（2）运用金属学、材料强度学和断裂物理、化学、力学的研究成果，深入分析各种失效现象的本质，以主要失效抗力指标与材料成分、组织、状态的关系，提出改进措施。

（3）根据"不同服役条件要求材料强度和塑性、韧性的合理配合"这一规律，分析研究失效零部件现行的选材、用材技术条件是否合理，是否受旧的传统学术观念束缚。

（4）采用局部复合强化，克服零部件上的薄弱环节，争取达到材料的等强度设计。

（5）在进行失效分析和提出防止失效的措施时，还应做到以下几个方面的结合：

①设计、材料、工艺相结合，即对形状、尺寸、材料、成型加工和强化工艺统一考虑；

②结构强度（力学计算、实验应力分析）与材料强度相结合，试棒试验与实际零部件台架模拟试验相结合；

③宏观规律与微观机理相结合，宏观断口和微观断口相结合，宏观与显微、亚显微组织分析相结合；

④试验室规律性试验研究与生产试验相结合。

完成上述环节后，把所得的资料进行综合分析，搞清失效的过程和规律，这是失效分析的重要环节。一般要从影响零部件失效的结构设计因素、材料因素、工艺因素、装配因素和服役条件因素中进行全面分析，真正找到导致该零部件早期失效的主导因素。重大的失效分析项目，在初步确定失效原因后，还应及时进行重现性试验（模拟试验），以验证初步结论的可靠性。

3.3.2 失效分析反馈的思路

失效分析的反馈是积极的失效分析，其目的不仅在于失效性质和原因的分析判断，更重要的是反馈到生产实践中去。由于失效原因涉及结构设计、材料设计、加工制造及装配使用、维护保养等各个方面，失效分析结果也要相应地反馈到这些环节。在一般情况下，从失效分析的结论中获得反馈信息，据以确定提高失效抗力的途径（形成反馈试验方案），并通过试验选择出最佳改进措施。反馈的结果可能是改进设计结构、材料、工艺、现场操作规程，也可能是综合改进。

结构、材料、工艺上的综合反馈，这三者往往很难截然分开。例如，在考虑结构因素对零部件强度的影响时，一般要联系到材料因素和工艺因素；同样，在考虑材料强度的影响时，亦必须考虑零部件的结构设计，主要是应力集中对材料强度的影响。通过改进零部件的形状、尺寸来提高其失效抗力比改进材料和工艺更为有效。而当设计结构的改进受到限制时，零部件的应力水平、应力分布和应力状态又要求制造零部件的材料和工艺与之相适应。例如，几何形状复杂、应力状态较硬的零部件，要求材料有足够的塑韧性；带有尖锐缺口的零部件，要求材料有较低的缺口敏感度，等等。由此可见，在提高零部件的失效抗力时，零部件的结构设计与材料、工艺是相互渗透、相互依赖的。

3.3.3   失效分析的辩证方法

1. 对具体问题进行具体分析

（1）不同零部件的外在服役条件是不同的。不同的服役条件，有不同的失效类型及特征。

（2）同一材料状态在不同服役条件下也表现为不同的失效类型及特征。

（3）在不同服役条件下，为了达到失效抗力的优化，有不同的材料强度、塑性、韧性的合理配合，即有不同的材料成分、组织、状态的最佳搭配。

（4）即使在相同的服役条件下，由于零部件结构及装配不同，零部件的受力情况不同，这种最佳搭配也将随之变化。

2. 抓主要矛盾和矛盾的主要方面

（1）某一零部件存在两个以上的失效类型时，应分析和找出主要的失效类型及其主要的失效抗力的表征参量。例如，同时存在断裂及磨损时，前者是"急性病"，后者一般为"慢性病"，因此应首先抓断裂失效的分析及防止。

（2）对造成主要失效类型的原因综合分析，从造成失效的内因与外因中找出主导因素，即矛盾的主要方面。

3. 注意矛盾的转化

（1）当主要的失效类型解决后，可能原来次要的失效类型上升为影响零部件寿命的主要矛盾，或者出现新的失效类型。

（2）当对某一零部件进行结构或工艺改进后，该零部件容易失效的薄弱环节转移，对此要有预见。

3.3.4   研究失效分析应注意的内容

研究失效分析，必须弄清以下几个方面的内容：

1. 失效及失效研究的内涵

机电元器件（或零件）、设备、装置或系统统称为机电产品。机电产品丧失规定功能的现象称为失效，对可修复产品通常也称为故障。产品是否失效，主要是在使用（包括检验）中考察。在失效研究中，针对具体失效事件的技术活动一般可分为三个层次，即失效诊断、失效预测和失效预防。其中，失效诊断是失效研究的核心，失效预测和预防则是失效研究的目的。失效诊断是失效发生以后的研究，失效预测和预防则是事前的。

2. 失效分析、事故分析、废品分析和状态诊断

失效分析是对进入商品流通领域后发生故障的分析；对导致产品无法修复的严重失效的分析称为事故分析；对进入商品流通领域前发生的质量问题的分析称为废品分析。失效分析、事故分析和废品分析均是指事后的分析，三种分析所采用的方法基本一致。状态诊断则是针对可能的主要失效模式、原因和机理的在线、适时和动态的诊断。

3. 失效模式、原因和机理诊断

失效研究的首要任务之一就是失效诊断。失效诊断是失效研究的基础，其准确与否决定了失效研究的成功与否。失效诊断的目的是要诊断出失效的模式、原因和机理，从而为采取预防措施指明方向和提供依据。失效模式是指失效的表现形式，一般可理解为失效的类型。失效模式诊断是失效研究首当其冲的重要问题，具有"定向"的意义。失效模式常可分为一级失效模式、二级失效模式和三级失效模式。一般要求诊断到"二级"甚至"三级"。

失效模式诊断得越具体和越准确，对失效原因诊断的准确性和预防措施制定的针对性就越有指导价值。失效模式诊断一般从现场残骸分析(失效件断口、裂纹、痕迹和变形等)、零件制造工艺、显微组织和力学性能分析、结构和受力分析、工况和使用环境分析及失效模拟等方面入手，其中首断件(肇事件)的残骸分析是最重要的诊断依据，也是目前使用得最多和最好的一个方面。

失效原因是指酿成失效事故的直接关键因素。失效原因也可分为一级、二级和三级失效原因。一级失效原因一般指酿成该失效事故的首先失效件(肇事件)失效的直接关键因素处于投入使用过程中的哪个阶段或工序(如设计原因、制造原因、使用原因和环境原因等)；二级失效原因是指一级失效原因中的直接关键原因。失效原因的诊断是失效研究的核心和关键。

失效机理的诊断是指对失效的内在本质、必然性和规律性的研究，是对失效性质认识的理论升华。失效机理是内因和外因共同作用而最终导致失效事件发生的热力学、动力学和机构学，即失效内在的必然性和固有的规律性。

4. 失效分析、预测和预防

失效分析是分析诊断失效的模式、原因和机理，研究采取补救、预测和预防措施的技术活动和管理活动。失效预测可以分为安全状况预测、剩余寿命预测和累积失效概率(可靠度)预测等三个层次的内容。失效预防应包括失效的工程预防、失效(或安全)法规或标准的制定或修改，以及失效(或安全)数据库和专家系统的建立和应用。

5. 失效学

失效学是研究机电产品失效的诊断、预测和预防理论及技术和方法的交叉或综合的分支学科。失效学是一个正在发展中的新兴学科，由失效诊断学、失效预测学和失效预防学三部分组成。失效学的实践基础是对大量的失效事故模式、原因和机理的定性、定量的分析诊断和随后行之有效的预测预防的工程实践经验的积累和总结。失效学的技术和方法基础是现代检测仪器、可靠性技术和工程方法；失效学的理论基础是近代材料学、力学和化学对断裂失效、腐蚀失效、磨损失效及其混合型的失效模式和机理的深入研究。

6. 失效信息

与失效有关的失效对象、失效现象和失效环境统称为失效信息。每一种失效信息都是失效的一个特征，反映影响失效的某个因素或条件；综合几种失效信息可以诊断出失效的模式，进而推断出失效的原因和机理。反之，也可认为某一特定的失效模式、原因和机理总要表现出一些相应的失效信息(特征)。因此，可以建立通过失效事件本身反映出来的失效信息来诊断失效模式、原因和机理的失效诊断系统，帮助进行失效研究。

无危则安，无损则全。"安全"，顾名思义，指没有危险，不受威胁，不出事故，没有受伤，完整无损，平安健康。安全的反义词是灾害。灾害是对人类生命、财产和生存条件造成危害性后果的各种变异现象的总称。

　　鉴于安全的内涵及其外延不断地深化和扩大，安全的概念成为一个动态的、发展的，带有全局性、关键性和战略性的问题。安全与社会经济发展之间的关系越来越紧密依赖和互为制约，因此，与安全有关的安全文化、安全科学、安全技术、安全管理、安全经济和安全伦理等也将应运而生和蓬勃发展，其重要性日益突出。安全不再是人类被动的追求目标状态，而将对经济社会和政治发展起反转的促进作用。

　　失效分析预测预防是安全工作的需求，积极的失效分析预测预防工作对安全工作具有促进作用，对保证安全具有不可替代的作用；安全工作离不开失效分析预测预防，是失效分析预测预防科学存在、发展的基础。两者具有相互依赖共同发展的特点。

　　可以认为，失效分析预测预防加上监察就是安全工作。

本章小结

　　（1）失效分析预测预防是认识客观事物本质和规律的逆向思维过程，是推动高科技发展的积极因素之一，是变失效为成功的必由之路。

　　（2）失效分析预测预防具有原则性、客观性、公正性和科学性，整个失效分析过程必须坚持八条原则。

　　（3）安全的重要性日益突出，各学科在研究安全问题时存在大量共性问题，公共安全应成为一级学科。

　　（4）安全与全面建设小康社会及可持续发展战略之间存在十分密切的关系，应当与人口、资源和环境一样把安全列为我国的一项基本国策。

　　（5）失效分析可以预防事故、保安全和促进机电装备的发展。

　　（6）失效分析大有作为。

4　电梯典型事故案例分析

电梯是一种用于垂直运输的交通工具，一般都设置有轿厢，以电动机为动力源通过曳引系统作用实现人员及货物的垂直运输。一般而言，电梯的涵盖范围包括以载人为主要用途的乘客电梯、以货物运输为主要目的的货梯、适用于大流量开放场所使用的自动扶梯以及自动人行道。

从空间结构上看，电梯从下至上可以分为轿厢、层站、井道以及机房；从电梯的功能系统划分来看，电梯具有负责动力供给、牵引的曳引系统及拖动系统，负责电梯门开关及封闭的门系统，负责装载乘客及货物的轿厢系统，负责平衡曳引系统两侧重力的对重系统，负责电梯轿厢平稳运输的导向系统，负责电梯运行安全的保护系统，负责整个电梯电气控制及指令传输的控制系统。

4.1　电梯系统构成概述

电梯品种繁多，结构各有不同，但它们却有共同之处，即都少不了机械、电气和安全装置三大部分。机械部分是电梯的骨架；电气则负责拖动和控制，是电梯赖以运行的保障；安全装置有机地将机、电装置组为一体，互相制约，以保证电梯可靠、安全地运行。常见的机房交流乘客电梯的基本结构如图 4-1 所示。

1. 电梯机械系统

电梯的机械系统由曳引系统、轿厢与门系统、重量平衡与导向系统和机械安全保护系统等部分组成。

曳引系统是输出和传递动力、实现电梯上下运行的驱动装置。它由曳引机、曳引钢丝绳及绳头组合的均衡装置等组成。

电梯的重量平衡系统包括对重和重量补偿装置，对重由对重架和对重块组成。对重将平衡轿厢自重和部分的额定载重。重量补偿装置是补偿高层电梯中轿厢与对重侧曳引钢丝绳长度变化对电梯平衡设计影响的装置。导向系统包括轿厢引导系统和对重引导系统两种，是保证轿厢和对重在电梯井道中沿着固定的导轨运行的装置，由导轨与支架、导靴、导向轮和复绕轮等部件组成。

轿厢是用来运送乘客或货物的电梯组件。轿厢由轿厢架和轿厢体两大部分组成。轿厢架是轿厢体的承重构架，由横梁、立柱、底梁和斜拉杆等组成。轿厢体由轿厢底、轿厢壁、轿厢顶及照明、通风装置、轿厢装饰件和轿内操纵按钮板等组成。轿厢体空间的大小由额定载重量或额定载客人数决定。电梯的门有轿门和厅门两种，门系统由轿门、厅门、开关门机构、门锁等部件组成。轿门挂在轿厢上，和轿厢一起上下运动。厅门装在各楼层的井道进出口处，用以封住井道的进出口。

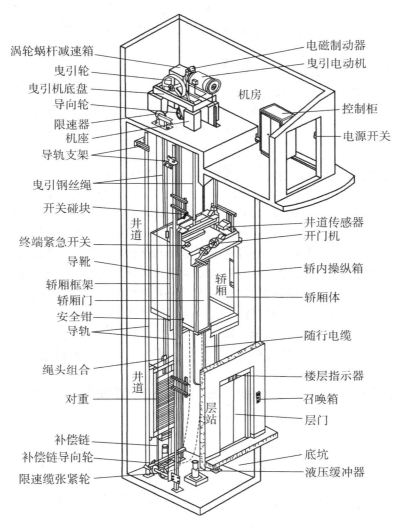

图 4-1 电梯的基本结构

2. 电梯电气系统

电梯的电气系统由电力拖动系统与运行控制系统两个部分组成。电气系统是电梯按照人们的意愿做功的动力，能使电梯按照人们的指令启动、加速、运行、换速平层、停车制动、开门关门等。这些都要依靠拖动装置和运行控制信号来完成。

电力拖动系统由曳引电机、供电系统、速度反馈装置、调速装置等组成，对电梯实行速度控制。曳引电机是电梯的动力源，根据电梯配置可采用交流电机或直流电机。供电系统是为电机提供电源的装置。速度反馈装置为调速系统提供电梯运行速度信号。一般采用测速发电机或速度脉冲发生器与电机相连。调速装置对曳引电机实行调速控制。

电气控制系统由操纵装置、位置显示装置、控制屏、平层装置、选层器等组成，它的作用是对电梯的运行实行操纵和控制。操纵装置包括轿厢内的按钮操作箱或手柄开关箱、层站召唤按钮、轿顶和机房中的检修或应急操纵箱。控制屏安装在机房中，由各类电气控制组件组成，是电梯实行电气控制的集中组件。位置显示装置是指轿内和层站的指层灯。层站上一般能显示电梯运行方向或轿厢所在的层站。选层器能起到指示和反馈轿厢位置、决定运行方向、发出加减速信号等作用。

3. 电梯安全保护系统

电梯是频繁载人的垂直运输工具，必须有足够的安全性。电梯的安全，首先是对人员的保护，同时也要对电梯本身和所载物资以及安装电梯的建筑物进行保护。为了确保电梯运行中的安全，防止一切危及人身安全的事故发生，设置了多种机械保护、电气保护和安全防护装置。

机械安全保护系统主要包括：超速保护装置(限速器、安全钳)，超越行程的保护装置(强迫减速开关，终端限位开关)，冲顶(撞底)保护装置(缓冲器)，门安全保护装置(厅门门锁与轿门电气联锁及门防夹人的装置)，轿厢超载保护装置及各种装置的状态检测保护装置(如限速器断绳开关、钢带断带开关)。

电气方面的安全保护首先要充分考虑电气拖动和运行控制的可靠性，还要针对各种可能发生的危险，设置专门的安全装置。电气安全保护系统一般设有如下保护环节：超速保护开关、厅门锁闭装置的电气联锁保护、门入口的安全保护、上下端站的超越保护、缺相断相保护、电梯控制系统中的短路保护、曳引电机的过载过流保护等。另外，还须对电梯的电气装置和线路采取安全保护措施，以防止发生人员触电和设备损毁事故。

安全防护主要有机械设备的防护，如曳引轮、滑轮、链轮等机械运动部件防护以及各种护栏、罩、盖等安全防护装置。

这些装置共同组成了电梯安全保护系统，以防止任何不安全的情况发生。

4.2　电梯主要系统及其组成

4.2.1　电梯曳引系统

电梯曳引系统由曳引机、曳引钢丝绳及绳头组合的均衡装置等组成，如图 4-2 所示。安装在机房的电动机与减速箱、制动器等组成曳引机，是曳引驱动的动力。曳引钢丝绳通过曳引轮一端连接轿厢，一端连接对重装置。为使井道中的轿厢与对重各自沿井道中导轨运行而不相蹭，曳引机上放置一导向轮使二者分开。轿厢与对重装置的重力使曳引钢丝绳压紧在曳引轮槽内产生摩擦力。这样，电动机转动带动曳引轮转动，驱动钢丝绳，拖动轿厢和对重装置在井道中沿导轨上、下往复运行，执行垂直运送任务。

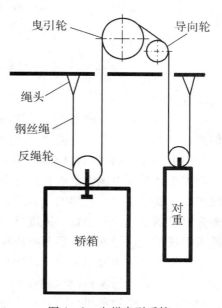

图 4-2　电梯曳引系统

1. 曳引机

曳引机是电梯的动力设备，又称电梯主机。其功能是输送与传递动力使电梯运行。它由电动机、制动器、联轴器、减速器、曳引轮、机架和导向轮及附属盘车手轮等组成。

拖动装置的动力通过中间减速器传递到曳引轮上的曳引机称为有齿轮曳引机，如图 4 - 3a 所示，它由电动机、制动器、减速器和曳引轮组成并固定在底座上。有齿轮曳引机用的电动机有交流电动机也有直流电动机，广泛应用于速度小于或等于 2.5 m/s 的低中速电梯。

拖动装置的动力不用中间的减速箱而直接传到曳引轮上的曳引机称为无齿轮曳引机，如图 4 - 3b 所示。无齿轮曳引机的电动机转子同制动轮和曳引轮同轴直接相连。由于没有减速箱这一中间传动环节，因此传动效率高、噪声小、传动平稳，但是存在能耗大、造价高、维修不便等缺点。无齿轮曳引机大多是直流电动机或者交流永磁同步电动机，一般用于 2.5 m/s 以上的高速电梯和 6 m/s 以上的超高速电梯。

(a) 有齿轮曳引机　　　　　　　　　　(b) 无齿轮曳引机

图 4 - 3　曳引机实物

曳引电动机是驱动电梯上下运行的动力源，而电梯则是典型的位能性负载，在运行中每小时起制动次数常超过 100 次，最高可达到每小时 180 ~ 240 次。根据电梯的工作性质，电梯曳引电动机应具有以下特点：

（1）能够频繁启动、制动，其工作方式为断续周期性工作制；

（2）能够适应一定电源电压波动，有足够的启动力矩；

（3）启动电流较小；

（4）有发电制动特性，能由电动机本身性质来控制电梯在满载下行和空载上行时的速度；

（5）有较硬的机械特性，不会因为电梯负载变化造成运行速度变化；

（6）有良好的调速特性；

（7）运转平稳，工作可靠，噪声小，维护简单。

2. 减速器

有齿轮曳引机在曳引电动机转轴和曳引轮转轴之间安装有减速器（箱），其作用是降低电动机输出转速，提高电动机的输出转矩，以适应电梯的运行要求。减速器常采用涡轮蜗杆传动，也可使用斜齿轮传动或行星齿轮传动。

3. 曳引轮

曳引轮是嵌挂曳引钢丝绳的轮子，也称曳引绳轮或驱绳轮，绳的两端分别连接轿厢和对重装置。当曳引轮转动时，通过曳引绳和曳引轮之间的摩擦力（也称曳引力），驱动轿厢和对重装置上下运动。因此曳引轮是电梯赖以运行的主要部件之一。

有齿轮曳引机的曳引轮装在减速器中的涡轮轴上，无齿轮曳引机的曳引轮装在制动器的旁侧，与电动机轴、制动器轴在同一轴线上。

曳引轮分成两部分，中间为轮筒（鼓），外面是在轮缘上开有绳槽的轮圈。外轮圈与内轮筒套装，并用铰制螺栓联结在一起成为一个曳引轮整体，其曳引轮的轴就是减速器内的涡轮轴。

由于曳引轮要承受轿厢、载重量、对重等装置的全部动静载荷，因此要求曳引轮强度大、韧性好、耐磨损、耐冲击，其材料多用球墨铸铁。为了减少曳引钢丝绳在曳引轮绳槽内的磨损，除了选择合适的绳槽槽型外，对绳槽的工作表面的粗糙度、硬度应有合理的要求。

曳引轮靠钢丝绳与绳槽之间的摩擦力来传递动力，当曳引轮两侧的钢丝绳有一定拉力差时，应保证曳引钢丝绳与绳槽之间不打滑。摩擦力（即曳引力）的大小以及曳引钢丝绳的寿命与曳引轮绳槽的形状有直接关系。在电梯中，常用的曳引轮绳槽的形状有半圆槽、带切口半圆槽（又称凹形槽）、V形槽，如图4-4所示。

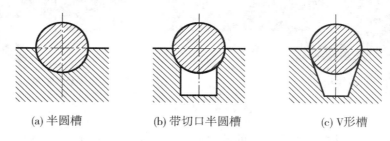

(a) 半圆槽　　　　　(b) 带切口半圆槽　　　　　(c) V形槽

图4-4　曳引轮绳槽形

半圆槽与曳引绳接触面积大，曳引绳变形小，有利于延长曳引绳和曳引轮寿命，但这种绳槽的当量摩擦系数小，因此曳引能力低，多用在高速无齿轮曳引机直流电梯上。V形槽的两侧对曳引绳产生很大的挤压力，曳引绳与绳槽的接触面积小，接触面的单位压力（比压）大，曳引绳变形大，曳引绳与绳槽间具有较高的当量摩擦系数，可以获得很大的驱动力，但这种绳槽的槽形和曳引绳的磨损都较快，只在轻载、低速电梯上应用。凹形槽（带切口的半圆槽）是在半圆槽的底部切制一条凹槽，曳引绳与绳槽接触面积减小，比压增大，曳引绳在凹槽处发生弹性变形，部分楔入沟槽中，使当量摩擦系数大为增加，使曳引能力增加。这种槽形既使当量摩擦系数大，又使曳引绳磨损小，因而广泛应用在各类电梯中。

4. 制动器

为了提高电梯的安全可靠性和平层准确度，电梯上必须设置制动器。当电梯的动力电源失电或者控制电路电源失电时，制动器应自动动作，制停电梯。电梯不工作时制动器抱闸制动，电梯运转时松闸。

　　当电梯制动时，依靠机械力的作用，使制动带与制动轮摩擦而产生制动力矩；当电梯运行时，依靠电磁力使制动器松闸。制动器根据产生电磁力的线圈工作电流，分为交流电磁制动器和直流电磁制动器。直流电磁制动器主要由制动线圈、电磁铁芯、制动臂、制动瓦、制动轮、抱闸弹簧等构成，如图4-5所示。由于其制动平稳、体积小、工作可靠，电梯多采用直流电磁制动器。

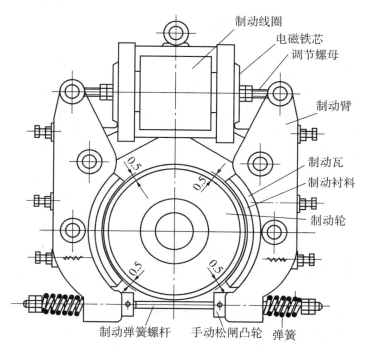

图4-5　电磁式直流制动器

　　当电梯处于静止状态时，曳引电动机、电磁制动器的线圈中均无电流通过，这时因电磁铁芯间没有吸引力，制动瓦在制动弹簧压力作用下将制动轮抱紧，保证电机不旋转；当曳引电动机通电旋转的瞬间，制动电磁铁中的线圈同时通上电流，电磁铁芯迅速磁化吸合，带动制动臂使其制动弹簧受作用力，制动瓦张开，与制动轮完全脱离，电梯得以运行；当电梯轿厢到达所需停站时，曳引电动机失电、制动电磁铁中的线圈也同时失电，电磁铁芯中的磁力迅速消失，铁芯在制动弹簧的作用下通过制动臂复位，使制动瓦再次将制动轮抱住，电梯停止工作。

　　制动器必须设置两组独立的制动机构，即两个铁芯、两组制动臂、两个制动弹簧，若一组制动机构失效，另一组仍能有效地制停电梯。

　　有齿轮曳引机的制动器安装在电动机与减速器之间，即在电动机轴与涡轮轴相连的制动轮处；无齿轮曳引机制动器安装在电动机与曳引轮之间。

　　对电梯制动器的基本要求是：能产生足够的制动力矩，而且制动力矩大小应与曳引机转向无关；制动时对曳引电动机的轴和减速箱的蜗杆轴不应产生附加载荷；当制动器松闸或制动时，要求平稳，而且能满足频繁启动、制动的工作要求；制动器应有足够的刚性和强度；制动带有较高的耐磨性和耐热性；结构简单、紧凑、易于调整；应有人工松闸装置；噪声小。

4.2.2 轿厢系统

1. 轿厢的作用和组成

曳引电梯的轿厢和对重悬挂于曳引轮两侧。轿厢是运送乘客和货物的承载部件，它是由轿厢架和轿厢体以及若干其他构件和有关的装置组成，如图 4 – 6 所示。

轿厢架是轿厢体的承重构架，由上梁、下梁和拉条等组成，框架的材质选用槽钢或按要求压成的钢板，上梁、下梁之间一般采用螺栓联结，可以拆装，以便进入井道组装。在上梁、下梁的四角有供安装轿厢导靴和安全钳的平板，在上梁中部下方有供安装轿顶轮或绳头组合装置的安装板，在立梁上（也称侧立柱）留有安装轿厢开关板的支架。

设置拉条的目的在于增强轿厢架刚度，防止厢底负荷偏心导致地板倾斜。负载重量小、轿厢较浅的电梯，可以不设拉条；轿底面积较大的电梯，就特别需要拉条，一些大轿厢结构还需设双拉条。

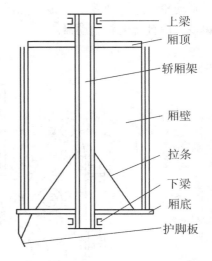

图 4 – 6　轿厢结构示意图

（上梁、厢顶、轿厢架、厢壁、拉条、下梁、厢底、护脚板）

轿厢架钢材的强度和构架的结构，要求都很高，牢固性要好，要保证当电梯运行过程中万一超速而导致安全钳扎住导轨掣停轿厢或轿厢下坠与底坑内缓冲器相撞时不致发生损坏情况。对轿厢架的上梁、下梁还要求在受载时发生的最大挠度应小于其跨度的 1/1000。

轿厢体形态像一个大箱子，轿厢体由厢底、厢壁、厢顶、轿门及照明、通风装置、轿厢装饰件和轿内操纵按钮板等组成。

厢底框架采用规定型号及尺寸的槽钢和角钢焊成，在厢底框架上面铺设一层钢板或木板，常在其上再粘贴一层塑料地板。在厢底的前沿应设有轿门地坎及护脚板（挡板），以防人在层站将脚插入轿厢底部造成挤压。

厢壁由几块薄钢板拼合而成，内部有特殊形状的纵向筋以增强厢壁强度，并在拼合接缝处加装饰嵌条。厢内壁板面上通常贴有一层防火塑料板或不锈钢薄板或把厢壁填灰磨平后喷漆。厢壁间以及厢壁与厢顶、厢底之间一般采用螺钉连接、紧固。当两台以上电梯共设在一个井道时，为了应急的需要，可在轿厢内侧壁上开设安全门。安全门只能向内开启，并装有限位开关，当门开启时，切断电路。

厢顶的结构与厢壁相似，由于安装、检修和营救的需要，轿厢顶有时要站人。我国有关技术标准规定，轿顶要能承受三个携带工具的检修人员（每人以 100kg 计），其弯曲挠度应不大于跨度的 1/1000。

轿顶上应有一块净面积不小于 0.12 m^2 的站人用的板，其小边长度至少应为 0.25 m。对于轿内操作的轿厢，厢顶应设置尺寸不小于 0.35m × 0.5m 的安全窗。安全窗应有手动锁紧装置，可向轿外打开。安全窗打开后，电梯的电气联锁装置就断开控制电路，使轿厢无法开动，以保证安全。同时厢顶还应设置排气风扇以及检修开关、急停开关和电源插座，以供检修人员在轿顶上工作时使用。厢顶靠近对重的一面应设置防护栏杆，其高度不超过轿厢的高度。有的厢顶下面装有装饰板（一般货梯没有），在装饰板的上面安装照明灯、风扇。

2. 轿厢超载保护装置

乘客从厅门、轿门进入到轿厢后，轿厢里的乘客人数（或货物）所达到的载重量如果超过电梯的额定载重量，就可能造成电梯超载产生的不安全后果，如超载失控，会造成电梯超速降落的事故。

为防止电梯超载运行，多数电梯在轿厢上设置了超载装置。当轿厢超过额定载荷时，超载装置能发出警告信号并使轿厢不关门不能运行。超载装置按照安装的位置可分为轿底称重式（超载装置安装在轿厢底部）及轿顶称重式（超载装置安装在轿厢上梁）。

一般轿厢底是活动的，轿底称重式超载装置也称为活动轿厢式。这种形式的超载装置，采用橡胶块作为称量组件。橡胶块均布在轿底框上，有 6～8 个，整个轿厢支承在橡胶块上，橡胶块的压缩量能直接反映轿厢的重量，如图 4-7 所示。

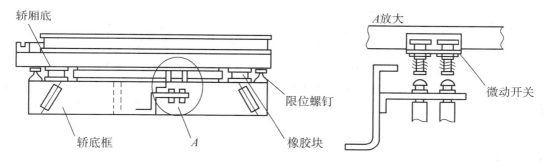

图 4-7 橡胶块式活动轿厢超载装置

在轿底框中间装有两个微动开关，一个在 80% 负重时起作用，切断电梯外呼电路；另一个在 110% 负重时起作用，切断电梯控制电路。碰触开关的螺钉直接装在轿厢底上，只要调节螺钉的高度，就可调节对超载量的控制范围。

这种结构的超载装置有结构简单、动作灵敏等优点，橡胶块既是称量组件，又是减振组件，大大简化了轿底结构，调节和维护都比较容易。

轿顶称量式超载装置分为机械式、橡胶块式和负重传感器式等几种。

机械式轿顶称量式超载装置以压缩弹簧组作为称量组件，当负载变化时，机械秤杆会上下摆动；当轿厢负重达到超载控制范围时，秤杆头部碰压微动开关触头，切断电梯控制电路。

橡胶块式轿顶称量式超载装置四个橡胶块装在上梁下面，绳头装置支承在橡胶块上。当轿厢负重时，橡胶块会产生形变，从而导致微动开关动作，达到超载控制的目的。橡胶块式称量装置结构简单，灵敏度高，但橡胶易老化变形，当出现较大称量误差时，需要更换橡胶块。

机械式和橡胶块式装置，只能设定一个或两个称量限值，不能给出载荷变化的连续信号。为了适应其他的控制要求，特别是计算机应用于群控后，为了使电梯运行达到最佳的调度状态，须对每台电梯的容流量或承载情况作统计分析，然后选择合适的群控调度方式。可采用负重式传感器作为称量组件，它可以输出载荷变化的连续信号。

当轿底和轿顶都不能安装超载装置时，可将其移至机房中。此时电梯的曳引绳绕法应采用 2：1（曳引比非 1：1）。由于安装在机房中，它具有调节、维护方便的优点。

4.2.3　门系统组成及作用

电梯门系统主要包括轿门（轿厢门）、厅门与开关门等系统及其附属的零部件。厅门和轿门能防止人员和物品坠入井道或轿内乘客和物品与井道相撞而发生危险，都是电梯的重要安全保护设施。

轿门是设置在轿厢入口的门，设在轿厢靠近厅门的一侧，供司机、乘客和货物的进出，由门扇、门导轨架、门靴和门刀等组成。厅门设在层站入口，由门扇、门导轨架、门靴、门锁装置及应急开锁装置组成。

简易电梯的开关门是用手操作的，称为手动门。一般的电梯都装有自动开门机，开门机设在轿厢上，是轿厢门和厅门启闭的动力源。为了将轿门的运动传递给厅门，轿门上设有系合装置（如门刀），门刀通过与厅门门锁的配合，使轿门能带动厅门运动。只有轿门开启才能带动厅门的开启，所以，轿门称为主动门，厅门称为被动门。

为保证电梯的安全运行，只有轿门、厅门完全关闭后，电梯才能启动运行。为此在厅门上装设有具有电气联锁功能的自动门锁，在轿厢外只有用钥匙才能打开厅门，门锁上的微动开关控制电梯控制回路的通断，允许电梯启动或者停运。为了防止电梯在关门时将人夹住，在轿门上常设有关门安全装置（防夹保护装置），常见的是装有机械结构和微动开关的安全触板，或者是非接触的光电式、电磁感应式、超声波等门安全装置。

电梯的门一般均由门扇、门滑轮、门靴、门地坎、门导轨架等组成。轿门由滑轮悬挂在轿门导轨上，下部通过门靴（滑块）与轿门地坎配合；厅门由门滑轮悬挂在厅门导轨架上，下部通过门滑块与厅门地坎配合，如图 4 - 8 所示。

1）门扇

电梯的门扇有封闭、空格式及非全高式之分。客梯和医用电梯均采用封闭式门扇；空格式门扇只能用于货梯轿厢厢门；非全高式门扇常见于汽车梯和货物不会有倒塌危险的专门用途货梯。汽车梯的门扇高度一般不应低于 1.4m；专门用途货梯的门扇一般不应低于 1.8m。

2）门导轨

门导轨对门扇起导向作用。轿门导轨安装在轿厢顶部前沿，厅门导轨安装在厅门框架上部。门滑轮安装在门扇上部，把门扇吊在门导轨上。全封闭式门扇以两个为一组，每个门扇一般装一组；空格式门扇，由于门的伸缩需要，在每个门挡上部均装有一个滑轮。

3）门地坎和门滑块

门地坎和门滑块是门的辅助导向组件，与门导轨和门滑轮配合，使门的上下两端均受导向和限位。门在运动时，滑块顺着地坎槽滑动。厅门地坎安装在厅门口的井道牛腿上；轿门地坎安装在轿门口。地坎一般用铝型材制成，门滑块一般用尼龙制造，在正常情况下，滑块与地坎槽的侧面和底部均有间隙。

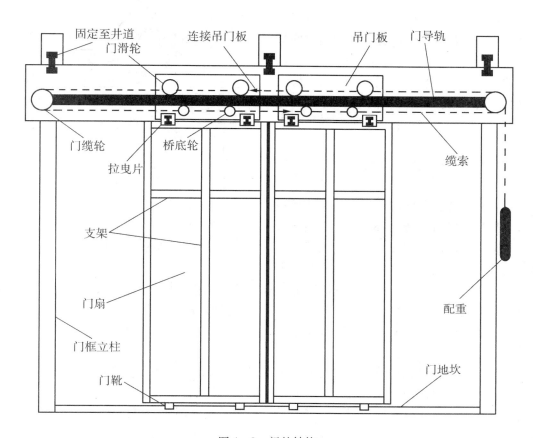

图 4-8　门的结构

4）开关门机构

电梯轿门、厅门的开关门操作有手动与自动两种，开关门机构也分手动和自动两种。

手动开关门机构目前仅在少数的货梯中使用，门的开、闭完全由司机手动进行。由于轿门与厅门之间无机械联动关系，因而司机必须先开轿门后开厅门，或者先关厅门再关轿门。

自动开关门操作方便、效率高，得到了广泛应用，目前生产的电梯大多数采用自动开关门机构（自动开门机）。自动开门机可以使轿厢门（含厅门）自动开启或关闭（厅门的开闭是由轿门通过门刀带动的），一般装设在轿门的上方及轿门的连接处，根据不同的门结构，也可位于轿顶前沿中部或旁侧。

除了能自动启、闭轿厢门，自动开门机还应具有自动调速的功能，以避免在始端与终端发生冲击。根据使用要求，一般关门平均速度要低于开门平均速度，以防止关门时将人夹住，而且客梯的门还设有安全触板。《电梯制造与安装安全规范》（GB 7588—2003）规定，当门的动能超过 10 焦耳时，最快门扇的平均关闭速度要限制在 0.3 m/s。

自动开门机采用交流电机或直流电机驱动。通过曲柄连杆和摇杆滑块机构等，将电机旋转运动转换为开、关门的直线运动，带动轿门上拨杆、门刀等动作而完成开、关门。传动方式可以采用齿轮、链式、皮带或蜗杆传动。

根据门的型式不同，自动开门机有适合于两扇中分式的门、两扇旁分式的门和交栅式的门使用的。以双臂式中分门开门机为例，这种自动开门机以直流电动机为动力，电动机不带减速箱，而以两级皮带传动减速，以第二级的大皮带轮作为曲柄轮，如图4-9所示。

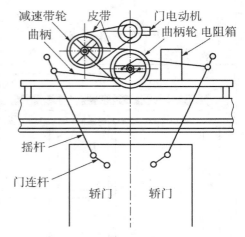

图4-9　双臂式中分门开门机

这种开门机可同时驱动左、右门，且以相同的速度做相反方向的运动。这种开门机的开门机构一般为曲柄摇杆和摇杆滑块的组合。当曲柄轮顺时针转动180°时，左右摇杆同时推动左右门扇，完成一次开门行程。曲柄轮再逆时针转动180°，就能使左右门扇同时合拢，完成一次关门行程。门电机采用串电阻调速，用于速度控制的行程开关装在曲柄轮背面的开关架上，一般为3～5个，可由安装在曲柄轮转动轴上的凸轮来控制行程开关，也可由安装在门扇上的撞弓来控制行程开关，实现调速功能。改变开关在架上的位置，就能改变运动阶段的行程。

新型自动开门机也有采用圆弧同步带或者齿轮、齿条组合的，直接驱动门机，传动效率更高。近些年出现的变频门机，采用了变频电机、同步皮带，省掉了复杂的减速和调速装置，使门机结构简单化；采用变频调速方式控制自动开门机，可以实现门机平稳动作，噪声小，并可减少能耗。目前乘客电梯已较多采用变频门机机构。

5)门系统安全保护装置

门系统的安全保护装置包括门锁和门入口保护装置，如安全触板等。

门锁一般装在厅门内侧，厅门关闭后由门锁锁住，使人在层站外不用开锁装置无法将厅门打开，同时保证电梯在厅门和轿门完全闭合后才能运行。

门锁是机电联锁装置，在正常情况下，只要电梯的轿厢没到位(到达本层站)，本层站的厅门都是紧紧地关闭着；只有轿厢到位(到达本层站)后，厅门随着轿厢的门打开后才能跟随着打开。厅门上的锁闭装置(门锁)的启闭是由轿门通过门刀来带动的。厅门是被动门，轿门是主动门，因此厅门的开闭是由轿门上的门刀插入(夹住)厅门锁滚轮，使锁臂脱钩后跟着轿门一起运动。

门锁常分为手动开关门的拉杆门锁和自动开关门的自动门锁(钩子锁)。钩子锁只装在厅门上，又称为厅门锁。自动门锁有多种结构，常用的有门刀式自动门锁(与门刀配合使用)和压板式自动门锁(与压板机构配合使用)。

为了在必要时(如救援)能从层站外打开厅门，标准规定每个层站的厅门均应设人工紧急开锁装置。工作人员可用三角形的专用钥匙从厅门上部的锁孔中插入，通过门后的装置将门锁打开。在无开锁动作时，开锁装置应自动复位，不能仍保持开锁状态。

当轿厢不在层站时，厅门无论什么原因开启，都必须有强迫关门装置使该厅门自动关闭。常见的强迫关门装置有的利用重锤的重力，通过钢丝绳、滑轮将门关闭；也有利用弹簧来实施关门的。

为了尽量减少在关门过程中发生人和物被撞击或夹住的事故,对门的运动提出了保护性的要求。首先门扇朝向乘员的一面要光滑,不得有可能钩挂人员衣服的大于 3mm 的凹凸。同时阻止关门的力(亦即关门的力)不大于 150N,以免对被夹持的人造成伤害。还设置了一种保护装置,当乘客在门的关闭过程中被门撞击或可能会被撞击时,保护装置将停止关门动作使门重新自动开启。保护装置一般安装在轿门上,常见的有接触式保护装置、光电式保护装置、超声波式保护装置和感应式保护装置。

接触式保护装置一般为安全触板。两块铝制的触板由控制杆连接悬挂在轿门开口边缘,平时由于自重凸出门扇边缘约 30mm,关门时还未完全进入轿厢的人和物必然会先碰到凸出门扇的安全触板,安全触板被推入门扇,控制杆便会转动,控制杆触动微动开关,将关门电路切断,接通开门电路,使门重新开启。

光电式保护装置有的是在轿门边上设两组水平的光电装置,为防止可见光的干扰,一般用红外光。两道水平的红外光好似在整个开门宽度上设了两排看不见的"栏杆",当有人或物在门的行程中遮断了任一根光线都会使门重开。还有一种光电保护装置是在开门整个高度和宽度中由几十根红外线交叉成一个红外光幕,就像一个无形的门帘,遮断其中的一部分,门就会重新开启。

超声波监控装置一般安装在门的上方。门正在关闭时,若超声波监控装置检测到厅门前有乘客欲进轿厢,则门重新打开,待乘客进入轿厢后,门再关闭。

感应式保护装置是借助磁感应的原理,在保护区域设置三组电磁场。三组磁场相同,表明门区无障碍物,门将正常关闭;当人和物进入保护区时会造成电磁场的变化,三组磁场不相同,表明门区内有障碍物,则探测器断开关门电路。

另外,为保证电梯的安全运行,只要不妨碍门的运动,厅门和轿门与周边结构(如门框、上门楣等)的缝隙应尽量小。标准要求客梯门的周边缝隙不大于 6mm,货梯不大于 8mm。在中分门厅门下部用人力向两边拉开门扇时,其缝隙不得大于 30mm。从安全角度考虑,电梯轿门地坎与厅门地坎的距离不得大于 35mm。轿门地坎与所对的井道壁的距离不得大于 150mm。

电梯的门刀与门锁轮的位置要调整精确。在电梯运行中,门刀经过门锁轮时,门刀与门锁轮两侧的距离要均等;通过层站时,门刀与厅门地坎的距离和门锁轮与轿门地坎的距离均应为 5 ~ 10mm。距离太小容易碰擦地坎,距离太大则会影响门刀在门锁轮上的啮合深度。一般门刀在工作时应与门锁轮在全部厚度上接触。

4.2.4 电梯重量平衡与导向系统

重量平衡系统使对重与轿厢达到相对平衡,在电梯工作中使轿厢与对重间的重量差保持在某一个限额之内,保证电梯的曳引传动平稳、正常。导向系统限制轿厢和对重的活动自由度,使轿厢和对重只沿着各自的导轨做升降运动,使两者在运行中平稳,不会偏摆。轿厢和对重通过曳引钢丝绳分别挂在曳引机的两侧,两边就形成平衡体,起到相对重量平衡作用。重量平衡系统由对重装置和平衡补偿装置两部分组成,如图 4 - 10 所示。导向系统的主体构件是导轨和导靴。

1. 对重的组成和作用

对重装置起到平衡轿厢重量及载重的作用。它与轿厢相对悬挂在曳引绳的另一端，可以平衡（相对平衡）轿厢的重量和部分电梯负载重量，减少电机功率的损耗。当电梯负载与对重十分匹配时，还可以减小钢丝绳与绳轮之间的曳引力，延长钢丝绳的寿命。

由于曳引式电梯有对重装置，轿厢或对重撞在缓冲器上后，电梯失去曳引条件，避免了冲顶事故的发生；使电梯的提升高度不像强制式驱动电梯那样受到卷筒的限制，因而提升高度也大大提高。

对重装置一般分为无对重轮式（曳引比为 1∶1 的电梯）和有对重轮式（反绳轮）（曳引比为 2∶1 的电梯）两种。不论是有对重轮式还是无对重轮式的对重装置，其结构组成基本相同。一般由对重架、对重块、导靴、

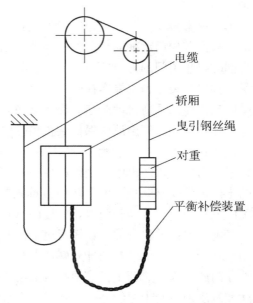

图 4 - 10　重量平衡系统构成

缓冲器碰块以及与轿厢相连的曳引钢丝绳和对重反绳轮（指 2∶1 曳引比的电梯）组成，各部件安装位置如图 4 - 11 所示。

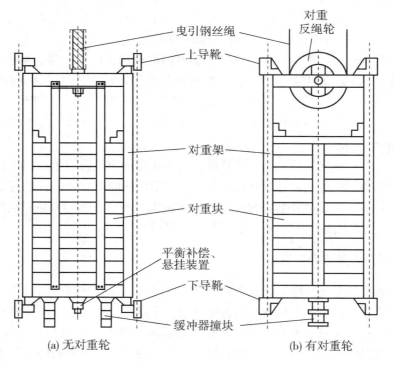

(a) 无对重轮　　　　　　　　　　(b) 有对重轮

图 4 - 11　对重装置

其中, 对重架是用槽钢制成的, 其高度一般不宜超出轿厢高度; 对重块由铸铁制作或钢筋混凝土填充, 每个对重块不宜超过 60kg, 便于装卸。对重块安放在对重架上后, 要用压板压紧, 以防运行中移位和运行中产生振动声响。对重架也可以制成双栏, 以减小对重块的尺寸, 如图 4 – 11b 所示。对重两侧装有导靴, 电梯运行中对重在导轨上滑动。对重的重量与电梯轿厢本身的净重和轿厢的额定载重量有关, 通常以下面基本公式进行计算:

$$W = G + KQ , \tag{4 – 1}$$

式中, W——对重的总重量, kg;

  G——轿厢自重, kg;

  Q——轿厢额定载重量, kg;

  K——电梯平衡系数, 0.45～0.55。

平衡系数选值原则是尽量使电梯接近最佳工作状态, 即对重侧和轿厢侧平衡, 此时电梯只需克服各部分摩擦力就能运行, 且电梯运行平稳, 平层准确度高。对于经常处于轻载的电梯如客梯, K 可选取 0.5 以下; 对于经常处于重载的电梯如货梯, K 可取 0.5 以上。

2. 导向系统

电梯的导向系统包括轿厢的导向和对重的导向两部分。有了导向系统, 轿厢和对重只能分别沿着位于其左右两侧的竖直方向的导轨上下运行。不论是轿厢导向还是对重导向, 导向系统均由导轨、导靴和导轨架组成, 如图 4 – 12、图 4 – 13 所示。

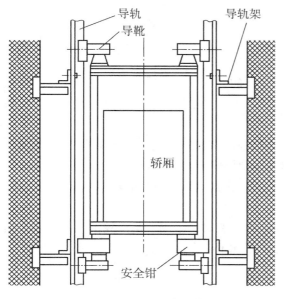

图 4 – 12 轿厢导向系统

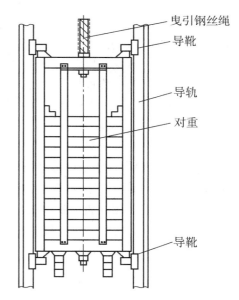

图 4 – 13 对重导向系统

1) 导轨

导轨对电梯的升降起导向作用, 限制轿厢和对重的水平位移, 还要承受轿厢的偏重力、制动的冲击力、安全钳紧急制动时的冲击力等。

一般为钢导轨, 常采用机械加工方式或冷轧加工方式制作。常见的导轨横截面形状如图 4 – 14 所示。

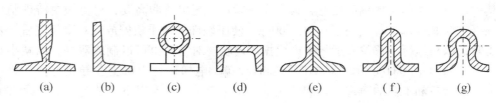

图 4 – 14　常见的导轨横截面形状

2）导靴

导靴的凹形槽（靴头）与导轨的凸形工作面配合，使轿厢和对重装置沿着导轨上下运动，防止轿厢和对重装置在运行过程中偏斜或摆动。分轿厢导靴和对重导靴两种。轿厢导靴安装在轿厢上梁和轿厢底部安全钳座（嘴）的下面，共 4 个。对重导靴安装在对重架的上部和底部，共 4 个。

按照在导轨工作面上的运动方式，导靴也可以分为固定滑动导靴、弹性滑动导靴和滚动导靴 3 种。

固定滑动导靴的靴头是固定的，没有调节的机构，导靴与导轨的配合存在一定的间隙。随着运行时间的增长，其间隙会越来越大，这样轿厢在运行中就会产生一定的晃动，甚至会出现冲击。因此，固定式导靴只用于额定速度低于 1m/s 的电梯。

弹性滑动导靴由靴座、靴头、靴衬、靴轴、压缩弹簧或橡胶弹簧、调节套或调节螺母组成。它与固定滑动导靴的不同之处就在于靴头是浮动的，在弹簧力的作用下，靴衬的底部始终压贴在导轨端面上，因此能使轿厢保持较平稳，同时在运行中具有吸收振动与冲击的作用。可用于额定速度低于 2m/s 的电梯。

固定滑动导靴和弹性滑动导靴的靴衬无论是铁的、钢的还是尼龙的，在电梯运行过程中，靴衬与导轨之间总有摩擦力存在。这个摩擦力不但会增加曳引机的负荷，而且会使轿厢运行时振动，引起噪声。

为了减少导靴与导轨之间的摩擦力，节省能量，提高乘坐舒适感，在运行速度大于 2m/s 的高速电梯中，常采用滚动导靴取代弹性滑动导靴。

使用滚动导靴时，不允许在导轨工作面上加润滑油，否则会使滚轮打滑，无法工作。滚动导靴的滚轮常用硬质橡胶制成。

对于重载高速电梯，为了提高导靴的承载能力，有时也采用 6 个滚轮的滚动导靴。滚动导靴可以在干燥的不加润滑油的导轨上工作，因此不存在油污染，减少了火灾的危险。

4.2.5　电梯安全保护系统

1. 电气安全保护装置

电气安全保护装置包括曳引电动机的过载保护、电梯控制系统中的短路保护、供电系统错相和断（缺）相保护、主电路方向接触器联锁装置和电气设备的接地保护等等。

1）曳引电动机的过载保护

电梯使用的电动机容量一般比较大，从几千瓦至十几千瓦。为了防止电动机过载后被烧毁，设置了热继电器过载保护装置。电梯电路中常采用的 JRO 系列热继电器是一种双金属片热继电器。两个热继电器热组件分别接在曳引电动机快速和慢速的主电路中，当电动机过载超过一定时间，即电动机的电流大于额定电流时，热继电器中的双金属片经过一定时间后变形，从而断开串接在安全保护回路中的接点，保护电动机不因长期过载而烧毁。

也有将热敏电阻埋藏在电动机的绕组中的，即当过载发热引起阻值变化，经放大器放大使微型继电器吸合，断开其接在安全回路中的触头，从而切断控制回路，强制电梯停止运行。

2）电梯控制系统中的短路保护

一般短路保护，是用自动空气断路器或不同容量的熔断器来进行。熔断器是利用低熔点、高电阻金属不能承受过大电流的特点，从而使它熔断，切断电源，对电气设备起到保护作用。极限开关的熔断器为 RCIA 型插入式，熔体为软铅丝，片状或棍状。电梯电路中还采用了 RLI 系列涡旋式熔断器和 RLS 系列螺旋式快速熔断器，用以保护半导体整流组件。

3）供电系统错相和断（缺）相保护

当供电系统因某种原因造成三相动力线的相序与原相序有所不同时，有可能使电梯原定的运行方向变为相反的方向，会给电梯运行造成极大的危险性。同时，电动机在电源缺相下不正常运转会导致电机烧损。

电梯电气线路中采用相序继电器，当线路错相或断相时，相序继电器切断控制电路，使电梯不能运行。

随着电力电子器件和交流传动技术的发展，电梯的主驱动系统应用晶闸管直接供电给直流曳引电动机，大功率器件 IGBT 为主体的交—直—交变频技术（VVVF）在交流调速电梯系统中应用，使电梯系统工作与电源的相序无关。

4）主电路方向接触器联锁装置

交流双速及交调电梯运行方向的改变是通过主电路中的两个方向接触器改变供电相序来实现的。如果两个接触器同时吸合，则会造成电气线路的短路。为防止短路故障，在方向接触器上设置了电气联锁，即上方向接触器的控制回路是经过下方向接触器的辅助常闭触点来完成的。下方向接触器的控制电路受到上方向接触器辅助常闭触点控制。只有当下方向接触器处于失电状态时上方向接触器才能吸合，而下方向接触的吸合必须是上方向接触器处于失电状态。这样，上下方向接触器形成电气联锁。

为防止上下方向接触器电气联锁失灵，造成短路事故，在上下方向接触器之间设有机械互锁装置。当上方向接触器吸合时，由于机械作用，使下方向接触器的机械部分不能动作，接触器触点不能闭合。当下方向接触器吸合时，上方向接触器触点也不能闭合，从而达到机械联锁的目的。

5）电气设备的接地保护

我国供电系统过去一般采用中性点直接接地的三相四线制，从安全防护方面考虑，电梯的电气设备应采用接零保护。在中性点接地系统中，当一相接地时，接地电流成为很大的单相短路电流，保护设备能准确而迅速地动作切断电流，保障人身和设备安全。

6）电梯急停开关

急停开关是串接在电梯控制线路中的一种不能自动复位的手动开关，当遇到紧急情况或检修电梯时，为防止电梯的启动、运行，将开关关闭，切断控制电源以保证安全。

急停开关分别设置在轿顶操纵盒上、底坑内和机房控制柜壁上及滑轮间。急停开关应有明显的标志，按钮应为红色，旁边标以"通""断"或"停止""运行"字样。扳动开关，向上为接通，向下为断开。

轿顶的急停开关应面向轿门，离轿门距离不大于1m。底坑的急停开关应安装在进入底坑可立即触及的地方。当底坑较深时可以在下底坑梯子旁和底坑下部各设一个串联的停止开关（最好是能联动操作的开关）。在开始下底坑时即可将上部开关打在停止的位置，到底坑后也可用操作装置消除停止状态或重新将开关处于停止位置。轿厢装有无孔门时，轿内严禁装设急停开关。

7）检修运行装置

检修运行是为便于检修和维护而设置的运行状态，由安装在轿顶或其他地方的检修运行装置进行控制。

检修运行时应取消正常运行的各种自动操作，例如，取消轿内和层站的召唤，取消门的自动操作。此时轿厢的运行依靠持续揿压方向操作按钮操纵，轿厢的运行速度不得超过0.63 m/s，门的开关也由持续揿压开关门按钮控制。检修运行时所有的安全装置如限位和极限、门的电气安全触点和其他电气安全开关及限速器、安全钳均有效，因此是不能开着门走梯的。

检修运行装置包括一个运行状态转换开关、操纵运行的方向按钮和停止开关。该装置也可以与能防止误动作的特殊开关一起从轿顶控制门机构的动作。

检修转换开关应是不能自动复位的手动开关，开关的检修和正常运行位置有标示，若用刀闸或拨杆开关则向下应是检修运行状态。轿厢内的检修开关应用钥匙动作，或设在有锁的控制盒中。检修运行的方向按钮应有防误动作的保护，并标明方向。有的电梯为了防止误动作设置了3个按钮，操纵时方向按钮必须与中间的按钮同时按下才有效。

当轿顶以外的部位（如机房、轿厢内）也有检修运行装置时，必须保证轿顶的检修开关优先，即当轿顶检修开关处于检修运行位置时，其他地方的检修运行装置全部失效。

8）可切断电梯电源的主开关

每台电梯在机房中都应装设一个能切断该电梯电源的主开关，并具有切断电梯正常行驶的最大电流的能力。如果有多台电梯，还应对各个主开关进行相应的编号。注意，主开关切断电源时不包括轿厢内、轿顶、机房和井道的照明、通风以及必须设置的电源插座等的供电电路。

9）触电保护

绝缘是防止发生直接触电和电气短路的基本措施。在电源中性点直接接地的供电系统中，防止间接触电最常用的防护措施是将故障时可能带电的电气设备外露可导电部分与供电变压器的中性点进行电气连接。

同时，地线还要在规定的地点采取重复接地。重复接地是将地线的一点或多点通过接地体与大地再次连接。在电梯安全供电现实情况中还存在一定的问题，有的引入电源为三相四线，到电梯机房后，将零线与保护地线混合使用；有的用敷设的金属管外皮作零线使用，这是很危险的，容易造成触电或损害电气设备。应采用三相五线制的 TN – S 系统，直接将保护地线引入机房，如图 4 – 15a 所示。如果采用三相四线制供电的接零保护 TN – C – S 系统，严禁电梯电气设备单独接地。电源进入机房后保护线与中性线应始终分开，该分离点（A 点）的接地电阻值不应大于 4Ω，如图 4 – 15b 所示。图中 L_1、L_2、L_3 为电源相序，N 为中性线，PE 为保护接地，PEN 为保护接地与中性线共享。

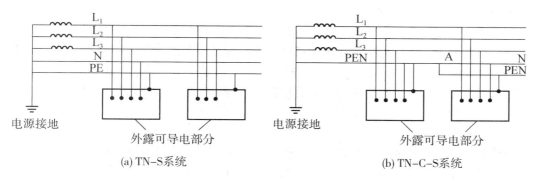

| (a) TN–S系统 | (b) TN–C–S系统 |

图 4 – 15　供电系统接地形式

电梯电气设备如电动机、控制柜、接线盒、布线管、布线槽等外露的金属指点壳部分，均应进行保护接地。

保护接地线应采用导线截面积不小于 4 mm² 有绝缘层的铜线。线槽或金属管应相互连成一体并接地，连接可采用金属焊接，在跨接管路线槽时可用直径 φ4 ～ 6 mm 的铁丝或钢筋棍，用金属焊接方式焊牢。

2. 机械安全保护装置

1）终端超越保护装置

为防止电梯由于控制方面的故障，轿厢超越顶层或底层端站继续运行，必须设置保护装置以防止发生严重的后果和结构损坏。

终端超越保护装置是一组防止电梯超越下端站或上端站的行程开关，能在轿厢或对重撞底、冲顶之前，通过轿厢打板直接触碰这些开关来切断控制电路或总电源，在电磁制动器的制动抱闸作用下，迫使电梯停止运行。由设在井道内上下端站附近的强迫换速开关、限位开关和极限开关组成。这些开关或碰轮都安装在固定于导轨的支架上，由安装在轿厢上的打板（撞杆）触动而动作。

强迫换速开关是防止电梯终端超越的第一道保护，一般设在端站正常换速开关之后。它由上、下两个开关组成，装在井道的顶部和底部。当开关撞动时，轿厢立即强制转为低速运行。在速度比较高的电梯中，可设几个强迫换速开关，分别用于短行程和长行程的强迫换速。

限位开关是防止电梯终端超越的第二道保护。当轿厢在端站没有停层而触动限位开关时，立即切断方向控制电路使电梯停止运行。此时仅仅是防止向危险方向运行，电梯仍能向安全方向运行。

终端极限开关是防止电梯终端超越的第三道保护。若限位开关动作后电梯仍不能停止运行，则触动终端极限开关切断电梯总电源，使驱动主机迅速停止运转，但保留照明电源。对于交流调压调速电梯和变频调速电梯，极限开关动作后，应能使驱动主机迅速停止运转，对单速或双速电梯应切断主电路或主接触器线圈电路。终端极限开关动作应能防止电梯在两个方向的运行，电梯不能自动恢复运行。

极限开关安装的位置应尽量接近端站，但必须确保与限位开关不联动，而且必须在对重（或轿厢）接触缓冲器之前动作，并在缓冲器被压缩期间保持极限开关的保护作用。

　　限位开关和极限开关必须符合电气安全触点要求，不能使用普通的行程开关和磁开关、干簧管开关等传感装置。

　　防终端超越保护开关都是由安装在轿厢上的打板（撞杆）触动的。打板必须保证有足够的长度，在轿厢整个越程的范围内都能压住开关。而且开关的控制电路要保证开关被压住（断开）时电路始终不能接通。

　　防终端超越保护装置只能防止在运行中控制故障造成的越程，若是由于曳引绳打滑制动器失效或制动力不足造成轿厢越程，上述保护装置是无能为力的。

　　2）限速器和安全钳

　　限速器和安全钳是防止电梯超速和失控的保护装置。在电梯在运行中无论何种原因使轿厢发生超速甚至坠落的危险状况而所有其他安全保护装置均未起作用的情况下，则靠限速器、安全钳（轿厢在运行途中起作用）和缓冲器的作用使轿厢停住而不致使乘客和设备受到伤害。

　　限速器是速度反应和操作安全钳的装置。当轿厢运行速度达到限定值时（一般为额定速度的115%以上），能发出电信号并产生机械动作，以引起安全钳工作。因此，限速器在电梯超速并在超速达到临界值时起检测及操纵作用。安全钳是由于限速器的作用而引起动作，迫使轿厢或对重装置制停在导轨上，同时切断电梯和动力电源的安全装置。

　　限速器必须有非自动复位的电气安全装置，在轿厢上行或下行达到动作速度以前瞬时动作，使电梯主机停止运转。过去曾用过的没有电气安全开关的摆锤式和离心压杆限速器现都应停止使用。

　　限速器上调节甩块或摆锤动作幅度（也是限速器动作速度）的弹簧，在调整后必须有防止螺帽松动的措施，并予以铅封。压绳机构、电气触点触动机构等调整后，也要有防止松动的措施和明显的封记。

　　限速器上的铭牌应标明使用的工作速度和整定的动作速度，最好还标明限速器绳的最大张力。

　　根据电梯安全规程的规定，任何曳引电梯的轿厢都必须设有安全钳装置，并且规定此安全钳装置必须由限速器来操纵，禁止使用电气、液压或气压装置来操作安全钳。当电梯底坑的下方有人通行或能进入的过道或空间时，则对重也应设有限速器安全钳装置。

　　电气安全开关应符合安全触点的要求，要求安全钳释放后需经称职人员调整后电梯方能恢复使用，所以电气安全开关一般应是非自动复位的。安全开关应在安全钳动作以前瞬时动作，所以必须认真调整主动杠杆上的打板与开关的距离和相对位置，以保证安全开关准确动作。

　　提拉联动机构一般都安装在轿顶，也有安装在轿底的。此时应将电气安全开关设在从轿顶可以恢复的位置。

　　安全钳按结构和工作原理可分为瞬时式安全钳和渐进式安全钳。

　　3）防止人员剪切和坠落的保护

　　在电梯事故中人员被运动的轿厢剪切或坠入井道的事故占的比例较大，而且这些事故后果都十分严重，所以防止人员剪切和坠落的保护十分重要。

　　防止人员坠落和剪切的保护主要由门、门锁和门的电气安全触点联合承担，标准要求如下：

（1）当轿门和厅门中任一门扇未关好和门锁啮合 7 mm 以上时，电梯不能启动。

（2）当电梯运行时轿门和厅门中任一门扇被打开，电梯应立即停止运行。

（3）当轿厢不在层站时，在站厅门外不能将厅门打开。

（4）紧急开锁的钥匙只能交给一个负责人员，有紧急情况才能由称职人员使用。

轿门、厅门必须按规定装设验证门紧闭状态的电气安全触点并保持有效。门关闭后门扇之间、门与周边结构之间的缝隙不得大于规定值。尤其厅门滑轮下的挡轮要经常调整，以防中分门下部的缝隙过大。

门锁必须符合安全规范要求，并经型式试验合格，锁紧组件的强度和啮合深度必须保证。

电气安全触点必须符合安全规范要求，绝不能使用普通电气开关。接线和安装必须可靠，而且要防止由于电气干扰而误动作。

在电梯操作中严禁开门应急运行。在一些电梯中为了方便检修常设有开门运行的应急运行功能，有的是设专门的应急运行开关，有的是用检修状态下按着开门按钮来实现开门运行。GB7588—2003 规定，只有在进行平层和再平层及采取特殊措施的货梯在进行对接操作时，轿厢可在不关门的情况下短距离移动；其他情况（包括检修运行）均不能开门运行。

装有停电应急装置和故障应急装置的电梯，在轿厢厅门未关好或被开启的情况下，应不能自动投入应急运行移动轿厢。

4）缓冲装置

电梯由于控制失灵、曳引力不足或制动失灵等发生轿厢或对重撞底时，缓冲器将吸收轿厢或对重的动能，提供最后的保护，以保证人员和电梯结构的安全。缓冲器安装在电梯井道的底坑内，位于轿厢和对重的正下方，如图 4 - 16 所示。

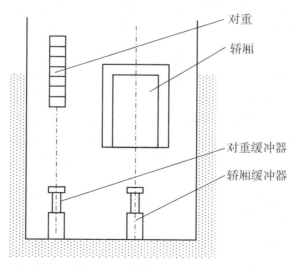

图 4 - 16　缓冲器安装示意图

缓冲器分蓄能型缓冲器和耗能型缓冲器。前者主要以弹簧和聚氨酯材料等为缓冲组件，后者主要是油压缓冲器。

当电梯额定速度很低时(如小于 0.4 m/s),轿厢和对重底下的缓冲器也可以使用实体式缓冲块来代替,其材料可用橡胶、木材或其他具有适当弹性的材料。但使用实体式缓冲器也应有足够的强度,能承受具有额定载荷的轿厢(或对重),并以限速器动作时的规定下降速度冲击而无损坏。

弹簧缓冲器一般由缓冲橡皮、缓冲座、弹簧、弹簧座等组成,用地脚螺栓固定在底坑基座上。为了适应大吨位轿厢,压缩弹簧可由组合弹簧叠合而成。行程高度较大的弹簧缓冲器,为了增强弹簧的稳定性,在弹簧下部设有导套或在弹簧中设导向杆。图 4-17 为弹簧缓冲器示意图。

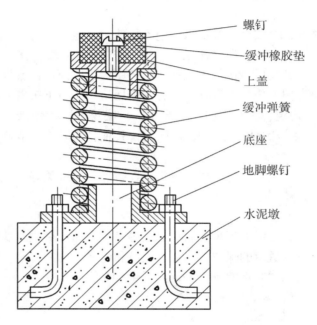

螺钉

缓冲橡胶垫

上盖

缓冲弹簧

底座

地脚螺钉

水泥墩

图 4-17　弹簧缓冲器示意图

弹簧缓冲器是一种蓄能型缓冲器。在受到冲击后,它将轿厢或对重的动能和势能转化为弹簧的弹性变形能(弹性势能)。由于弹簧的反力作用,使轿厢或对重得到缓冲、减速。当弹簧压缩到极限位置后,弹簧要释放缓冲过程中的弹性变形能使轿厢反弹上升(撞击速度越大则反弹速度越大)并反复进行,直至弹力消失、能量耗尽,电梯才完全静止。弹簧缓冲器的特点是缓冲后存在回弹现象,存在着缓冲不平稳的缺点,所以弹簧缓冲器仅适用于低速电梯。

油压缓冲器的基本构件是缸体、柱塞、缓冲橡胶垫和复位弹簧等。缸体内注有缓冲器油。当油压缓冲器受到轿厢和对重的冲击时,柱塞向下运动,压缩缸体内的油,油通过环形节流孔喷向柱塞腔。当油通过环形节流孔时,由于流动截面积突然减小而形成涡流,使液体内的质点相互撞击、摩擦,将动能转化为热量散发掉,从而消耗了电梯的动能,使轿厢或对重逐渐缓慢地停下来。因此,油压缓冲器是一种耗能型缓冲器,它是利用液体流动的阻尼作用,缓冲轿厢或对重的冲击。当轿厢或对重离开缓冲器时,柱塞在复位弹簧的作用下向上复位,油重新流回油缸,恢复正常状态。油压缓冲器是以消耗能量的方式实现缓冲的,因此无回弹作用。同时,由于变量棒的作用,柱塞在下压时,环形节流孔的截面积逐步变小，能使电梯的缓冲接近匀速运动，因而油压缓冲器具有缓冲平稳的优点。在使用条件相同的情况下，油压缓冲器所需的行程可以比弹簧缓冲器减少一半。因此，油压缓冲器适用于各种电梯。

复位弹簧在柱塞全伸长位置时应具有一定的预压缩力，在全压缩时，反力不大于1500 N，并应保证缓冲器受压缩后柱塞完全复位的时间不大于120 s。为了验证柱塞完全复位的状态，耗能型缓冲器上必须有电气安全开关。安全开关在柱塞开始向下运动时即被触动切断电梯的安全电路，直到柱塞完全复位时开关才接通。

缓冲器油的黏度与缓冲器能承受的工作载荷有直接关系，一般要求采用具有较低的凝固点和较高黏度指标的高速机械油。在实际应用中，不同载重量的电梯可以使用相同的油压缓冲器，而采用不同的缓冲器油，黏度较大的油用于载重量较大的电梯。

缓冲器一般安装在底坑的缓冲器座上。若底坑下是人能进入的空间，则对重在不设安全钳时对重缓冲器的支座应一直延伸到底坑下的坚实地面上。

轿底下梁碰板、对重架底的碰板至缓冲器顶面的距离称为缓冲距离。对蓄能型缓冲器，缓冲距离应为200～350 mm；对耗能型缓冲器，缓冲距离应为150～400 mm。油压缓冲器的柱塞铅垂度偏差不大于0.5%。缓冲器中心与轿厢和对重相应碰板中心的偏差不超过20 mm。同一基础上安装的两个缓冲器的顶面高差，应不超过2 mm。

5）报警和救援装置

电梯发生人员被困在轿厢内时，通过报警或通信装置应能将情况及时通知管理人员并通过救援装置将人员安全救出轿厢。

电梯必须安装应急照明和报警装置，并由应急电源供电。低层站的电梯一般安设警铃，警铃安装在轿顶或井道内，操作警铃的按钮应设在轿厢内操纵箱的醒目处，上有黄色的报警标志。警铃的声音要急促响亮，不会与其他声响混淆。

提升高度大于30m的电梯，轿厢内与机房或值班室应有对讲装置。对讲装置也由操纵箱面板上的按钮控制。目前大部分对讲装置是接在机房，而机房又大多无人看守，这样，在紧急情况时管理人员不能及时知晓。因此，凡机房无人值守的电梯，对讲装置必须接到管理部门的值班处。

除了警铃和对讲装置，轿厢内也可设内部直线报警电话或与电话网连接的电话。此时轿厢内必须有清楚易懂的使用说明，告诉乘员如何使用和应拨的号码。

轿厢内的应急照明必须有适当的亮度，在紧急情况时，能看清报警装置和有关文字说明。

电梯困人的救援以往主要采用自救的方法，即轿厢内的操纵人员从上部安全窗爬上轿顶将厅门打开。随着电梯的发展，无人员操纵的电梯广泛使用，再采用自救的方法不但十分危险而且几乎不可能。因为作为公共交通工具的电梯，乘员十分复杂，电梯故障时乘员不可能从安全窗爬出，就是爬上了轿顶也打不开厅门，反而会发生其他的事故。因此，现在电梯从设计上就决定了救援必须从外部进行。

救援装置包括曳引机的紧急手动操作装置和厅门的人工开锁装置。在有层站不设门时还可在轿顶设安全窗，当两层站地坎距离超过11 m时还应设井道安全门，若同井道相邻电梯轿厢间的水平距离不大于0.75 m时，也可设轿厢安全门。

机房内的紧急手工操作装置，应放在拿取方便的地方，盘车手轮应漆成黄色，开闸扳手应漆成红色。为使操作时知道轿厢的位置，机房内必须有层站指示。最简单的方法就是在曳引绳上用油漆做上标记，同时将标记对应的层站写在机房操作地点的附近。

若轿顶设有安全窗，安全窗的尺寸应不小于 $0.35\,m \times 0.5\,m$、强度应不低于轿壁的强度。窗应向外开启，但开启后不得超过轿厢的边缘。窗应有锁，在轿内要用三角钥匙才能开启，在轿外则不用钥匙也能打开，窗开启后不用钥匙也能将其半闭和锁住。窗上应设验证锁紧状态的电气安全触点，当窗打开或未锁紧时，触点断开切断安全电路，使电梯停止运行或不能启动。

井道安全门的位置应保证至上下层站地坎的距离不大于 $11\,m$。要求门的高度不小于 $1.8\,m$，宽度不小于 $0.35\,m$，门的强度不低于轿壁的强度。门不得向井道内开启，门上应有锁和电气安全触点，其要求与安全窗一样。

轿厢安全门设置在相邻轿厢的相对位置上。

现在一些电梯安装了电动的停电（故障）应急装置，在停电或电梯故障时自动接入。装置动作时以蓄电池为电源向电机送入低频交流电（一般为 $5\,Hz$），并通过制动器释放。在判断负载力矩后按力矩小的方向避速将轿厢移动至最近的层站，自动开门将人放出。应急装置在停电、中途停梯、冲顶蹲底和限速器安全钳动作时均能自动接入，但若是门未关或门的安全电路发生故障则不能自动接入移动轿厢。

6）消防功能

发生火灾时井道往往是烟气和火焰蔓延的通道，而且一般厅门在 $70\,℃$ 以上时也不能正常工作。为了乘员的安全，在火灾发生时必须使所有电梯停止应答召唤信号，直接返回撤离层站，即具有火灾自动返基站功能。

自动返基站的控制，可以在基站处设消防开关，火灾时将其接通，或由集中监控室发出指令，也可由火灾检测装置在测到厅门外温度超过 $70\,℃$ 时自动向电梯发出指令，使电梯迫降，返基站后不可在火灾中继续使用。此类电梯仅具有消防功能即消防迫降停梯功能。

另一种为消防队用电梯（一般称消防电梯），除具备火灾自动返基站功能外，还要供消防队员灭火抢救人员使用。

消防电梯的布置应能在火灾时避免暴露于高温的火焰下，还能避免消防水流入井道。一般电梯层站宜与楼梯平台相邻并包含楼梯平台，层站外有防火门将层站隔离，层站内还有防火门将楼梯平台隔离。这样，在电梯不能使用时，消防员还可以利用楼梯通道返回。其结构防火，电源专用。

消防电梯额定载重量不应小于 $630\,kg$，入口宽度不得小于 $0.8\,m$，运行速度应按全程运行时间不大于 $60\,s$ 来决定。电梯应是单独井道，并能停靠所有层站。

消防员操作功能应取消所有的自动运行和自动门的功能。消防员操作时外呼全部失效，轿内选层一次只能选一个层站，门的开关由持续揿压开关门按钮进行。有的电梯在开门时只要停止揿压按钮，门立即关闭，在关门时停止揿压按钮门会重新开启。这种控制方式更为合理。

7）制动器扳手与盘车手轮

当电梯运行当中遇到突然停电造成电梯停止运行时，电梯又没有停电自投运行设备，且轿厢又停在两厅门之间，乘客无法走出轿厢，就需要由维修人员到机房用制动器扳手和盘车手轮人工操纵使轿厢就近停靠，以便疏导乘客。制动器扳手的式样因电梯抱闸装置的不同而不同，作用都是用它使制动器的抱闸脱开。盘车手轮是用来转动电动机主轴的轮状工具(有的电梯装有惯性轮，亦可操纵电动机转动)。操作时首先应切断电源，由两人操作，即一人操作制动器扳手，一人盘动手轮。两人需配合好，以免因制动器的抱闸被打开而未能把住手轮致使电梯因对重的重量而造成轿厢快速行驶。一人打开抱闸，一人慢速转动手轮使轿厢向上移动，直到轿厢移到接近平层位置。制动器扳手和盘车手轮平时应放在明显位置并应涂上红漆以醒目。

8）超速保护开关

在速度大于 1 m/s 的电梯限速器上都设有超速保护开关，在限速器的机械动作之前，此开关就得动作，切断控制回路，使电梯停止运行。有的限速器上安装 2 个超速保护开关，第一个开关动作使电梯自动减速，第二个开关才切断控制回路。对速度不大于 1m/s 的电梯，其限速器上的电气安全开关最迟在限速器达到其动作速度时起作用。

4.2.6　电梯拖动系统

早期的升降机的驱动方式包括柴油机、蒸汽机、水力或人力等。现代电梯除少量使用油压驱动方式之外，几乎全部使用电力驱动。

电梯的电力拖动系统为电梯的运行提供动力，并控制电梯的启动加速、稳速运行、制动减速等。其组成包括曳引电动机、供电系统、速度反馈装置、电动机调速控制系统等。

曳引电动机是电梯的动力源，根据电梯动力需求的不同，交流电梯用交流电动机，直流电梯用直流电动机。供电系统为电梯的电动机提供所需要的电源。速度反馈装置是为调速控制系统提供电梯的运行速度实测信号，一般采用与电动机同轴旋转的测速发电机或光电脉冲发生器。电动机调速控制系统是根据电梯启动、运行和制动平层等要求，对曳引电动机进行转速调节的电路系统。

电梯在垂直升降运行过程中，其运行区间较短，经常要频繁地进行启动和制动，处于过渡过程运行状态。因此，曳引电动机的工作方式属于断续周期性工作制。此外，电梯的负载经常在空载与满载之间随机变化。考虑到乘坐电梯的舒适性，需要限制最大运行加速度和加速度变化率。总之，电梯的运行对电力拖动系统提出了特殊要求。

根据使用的电动机的不同，电梯拖动系统主要有直流拖动和交流拖动两种方式。

1. 直流电动机拖动系统

直流电动机由于其调速性能好，很早就用于电梯拖动上。直流电梯拖动系统有两种方式，一是用三相交流电动机带动直流发电机输出直流电给电动机，只需调节直流发电机的励磁就可改变直流发电机的输出电压(即直流电动机的进线端电压)来进行调速，称为可控硅励磁的发电机－电动机拖动系统。二是用三相可控硅整流器把电网交流电整流为直流直接供给直流电动机，只需控制三相可控硅整流器的触发阈值就可改变直流电动机的进线端电压来进行调速，称为可控硅直接供电的可控硅－电动机系统。

采用发电机－电动机形式驱动，可用于高速电梯，但其体积大、耗电大、效率低、造价高、维护量大。可控硅直接供电的直流电机驱动系统比三相可控硅励磁发电机－电动机驱动系统机房占地节省 35%，重量减轻 40%，节能 25%～35%，且系统简单，控制方便，干扰低，从而成为直流电梯驱动系统的主流方式。目前世界上最高速度的 10 m/s 电梯就是采用可控硅整流器直接供电系统，其调速比达 1∶1200。

直流电动机拖动系统具有调速范围宽、可连续平稳地调速以及控制方便、灵活、快捷、准确等优点；但是，直流电动机结构较复杂，电机体积大，成本较高，可靠性差，控制方式不够灵活，维护工作量大，能耗大，常用于对电梯运行速度、乘坐舒适感要求较高的某些特定场合中，正逐步被大力发展和日益成熟的交流电动机拖动系统所取代。

2. 交流电动机拖动系统

交流电动机拖动系统可分为异步和同步两类。异步电动机可分为单速、双速、调速三种驱动形式，调速方式又可分为变极调速、变压调速和变频变压调速三种。交流永磁同步电动机变频调速拖动系统以及直线电动机直接驱动系统是目前电梯拖动系统发展的主要方向。

交流双速电动机具有两种或三种不同极对数的定子绕组，极数少的绕组称为快速绕组，极数多的绕组称为慢速绕组。双速电动机的速度调节是一种变极调速，通过快速绕组和慢速绕组之间的切换来实现调速目的。

交流双速拖动系统是电梯驱动系统中较为简单、经济的一种。它多采用开环方式控制，线路简单、成本低、故障率低；但其舒适感差、平层准确度低、速度慢。可应用在运行速度较低（小于 $1m/s$）、要求不高的场合，如工厂里的货梯等。变极调速是一种有级调速，因其调速范围不大以及自身的缺点，随着高性能、新技术的元器件成本的降低，将逐步被淘汰和取代。

交流调压调速系统就是在恒定交流电源与电动机之间接入晶闸管作为交流电压控制器，用相位控制方式来控制改变输出电压的有效值以达到改变和调节转速的目的。这种调速系统多采用带测速反馈的闭环控制。按制动方式，交流调压调速系统可分为能耗制动型、涡流制动型和反接制动型三种常用的型式。

调压调速系统的结构、调速方法简单，但是它不改变电动机同步转速方式，而且在用晶闸管调压时定子所加电压为非正弦电压，因此存在电动机发热较厉害、效率较低、负载能力下降、低速时电动机输出转矩有脉动和噪声较大等问题。这些问题不仅限制了系统调速范围的扩大，而且影响电梯乘坐舒适感和平层精度的提高，以及易产生故障，目前仅在一些老旧电梯中仍有使用。

交流调频调压系统就是在恒定交流电源与电动机之间接入变频装置，同时改变供电电源的电压和频率以达到改变和调节转速的目的。交流异步电动机转速与电源频率有关，连续均匀地改变供电电源的频率，就可平滑调节异步电动机的同步转速，从而实现无级调速。

交流调频调压系统调速性能远远优于前两种交流拖动系统，可以和直流拖动系统相媲美，而且节能效果显著，体积小、重量轻。随着变频变压控制技术的发展和控制用元器件日益完善，使得具有多种优点的变频变压调速系统越来越多地应用于电梯领域。现在，不仅电梯主驱动系统中采用变频变压调速系统，而且在电梯其他部分（如门机系统）也都普遍应用了这一技术，成为电梯拖动技术发展的主要方向。

永磁同步电动机替代调频调压系统中的异步电动机即成为交流永磁同步电动机变频调速系统，将其应用在电梯中可以实现无齿轮曳引功能，即永磁同步电动机直接带动曳引轮曳引电梯运行，无需机械减速机构，使得无齿轮曳引机的机械结构变得非常简单。永磁同步电动机拖动电梯调速范围一般为 $1:1000$，远宽于异步电机的 $1:100$ 的调速范围。电动机可固定在井道顶部(或下部)侧面轨道上,而变频器则可置于顶层的电梯门内,可实现无机房或小机房。

永磁同步电动机曳引电梯,机械结构简单紧凑,少维护;安全可靠性高;对环境的噪声污染低、无油脂污染;能提高电力功率因素,提高机械传动效率;使用节能、经济,具有较高的性价比。与交流无齿轮异步电动机驱动系统相比,其低速性、快速性、硬机械特性和停车自闭等优点,是异步电动机所无法相比的;与直流无齿轮电动机驱动系统相比,它具有更高的低速性能、调速精度、快速响应性能,且寿命长、耗电少、维护简单;此外,还易于实现低转速、大转矩的电梯理想驱动模型。

直线电动机直接驱动系统是1996年后发展起来的一种新型电梯拖动方式。直线电动机是一种将电能直接转换成直线运动机械能而不需要任何中间转换机构的传动装置,具有启动推力大、传动刚度高、动态响应快、定位精度高、行程长度不受限制等优点。特别是由于直线电动机无离心力作用,故直线移动速度可以不受限制;而且其加速度非常大,能实现启动时瞬间达到高速,高速运行时又能瞬间准停,因此,直线电动机特别适合应用于高速电梯的驱动系统。

直线电动机直接驱动系统主要有两大类,即直线感应电机驱动方式(包括圆筒型电动机和扁平型电动机的驱动方式)和直线同步电机驱动方式(包括永磁直线同步电动机和超导直线电动机的驱动方式)。

对高层及超高层建筑物,通过悬吊钢丝绳牵引轿厢限制电梯的提升高度和效率受到限制,随着现代高层建筑的不断涌现,采用直线电动机直接驱动高层及超高层电梯成为现实的可能性会越来越大。直线电动机驱动的电梯和传统的电梯相比,具有结构简单,占地面积少,高速、高层,节能,可靠性高及抗震等优点。

4.2.7 电梯控制系统

电梯的电气控制系统的作用是通过各种控制电路完成各种电气动作功能,对电梯的运行实行操纵和控制,保证电梯的安全运行。电气控制系统组成通常包括控制装置、操纵装置、换速平层装置、位置显示装置、选层器,以及开关门电机和调速开关、电气安全保护装置等。

1. 控制装置

控制装置根据电梯的运行逻辑功能要求,控制电梯的运行,一般设置在机房中的控制柜(屏)上。控制柜(屏)是对电梯实行电气控制的集中组件,包括各类电气控制板、变频装置或组件。控制柜中装配的组件,其数量规格主要与速度、控制方式、曳引电动机大小等参数有关,目前交流电梯主要有三个品种,每种因参数不同略有区别。交流双速电梯,控制系统一般由微机组成,动力输出由接触器完成,接触器较多;交流调压调速电梯的动力输出由交流调压调速器完成,配以相对较少的接触器;变频变压调速电梯目前较多,由变频器配以很少的接触器完成电梯的动力输出,由微机控制,故障率较低,结构紧凑、美观。

控制柜一般安装在机房中,在无机房电梯系统中,控制柜可以安装在井道里或者安装在顶层厅门旁边。

2. 操纵装置

操纵装置是轿厢内的操纵箱和厅门门口的召唤按钮箱，用来操纵电梯的运行。操纵装置布置的电气元件与控制方式、停站层数有关。轿厢内操纵箱包括三种型式。

（1）手柄操纵箱。一般由司机操纵，使电梯门开启或关闭、启动或制停轿厢的手柄开关装置。扳手有向上、向下、停车三个位置。板面上一般设有安全开关、指示灯开关、信号灯开关、照明开关、风扇开关和应急开关等。常用在货梯上。

（2）按钮操纵箱。由乘客或司机通过按钮操纵电梯上、下、急停等的装置，并设有钥匙开关，用以选择司机操纵或自动操纵方式。另外还备有与电梯停站数相对应的指令按钮、记忆呼梯信号的指示灯、上下行方向指示灯、超载倍灯和警铃等。

（3）轿厢外操纵箱。操纵按钮一般装在每层层楼的厅门旁侧井道墙上，按钮数量不多，形式比较简单。常用于不载人的货梯。

召唤按钮箱是设置在电梯停靠站厅门外侧，给厅外乘用人员提供召唤电梯的装置。一般根据层站位置不同，在上下端站装设单钮召唤箱，上端站只装设一个下行召唤按钮，下端站只装设一个上行召唤按钮，其他层站则装设双钮召唤箱，即同时装设一个上行召唤按钮和一个下行召唤按钮。当厅外候梯人员按下向上或向下按钮时（只许按一个按钮），相应的指示灯也亮，于是司机和乘客便知某层楼有人要乘梯。

3. 换速平层装置

换速平层装置是指发出平层控制信号，使电梯轿厢准确平层的控制装置。平层，是指轿厢在接近某一楼层的停靠站时，使轿厢地坎与厅门地坎达到同一平面的操作。

该控制装置可使电梯实现到达预定的停靠站时，提前一定的距离，把快速运行切换为平层前的慢速运行，并使平层时能自动停靠。这种装置通常分别装在轿顶支架和轿厢导轨支架上，所装的平层部件配合动作来完成平层功能。

4. 位置显示装置

位置显示装置是显示电梯轿厢所在楼层位置的轿内和厅门指层灯。厅门指层灯还用箭头显示电梯运行方向。

指层灯箱是给司机和轿厢内、外乘用人员提供电梯运行方向和所在位置指示灯信号的装置。位于厅门上方的指层灯箱称为厅外指层灯箱，位于轿门上方的指层灯箱称为轿内指层灯箱。同一台电梯的厅外指层灯箱和轿内指层灯箱在结构上是完全一样的。

指层灯箱内装置的电器组件一般包括电梯上下运行方向灯和电梯所在层楼指示灯。除杂物电梯外，一般电梯都在各停靠站的厅门上方设置有指层灯箱。但是，当电梯的轿厢门为封闭门，而且轿门没有开设监视窗时，在轿厢内的轿门上方也必须设置指层灯箱。指层灯箱上的层数指示灯，一般采用信号灯和数码管两种。

有的电梯，除一层厅门装有层楼指示器层灯外，其他层楼门仅有无层灯的层楼指示器，它只有上、下方向指示灯和到站钟。

5. 选层器

选层器一般设置在机房或隔层内，是模拟电梯运行状态，向电气控制系统发出轿厢位置信号的装置。选层器主要有机械式、电气式和电子式三种型式。机械式的选层器靠与轿厢联动的旋转触头组来判断轿厢的位置，现在已被淘汰了。电气式的选层器多用磁性元件来反映位置信号。电子式选层器在电梯井道中没有设置专门的感应装置，完全靠对电子脉冲计数和运算来分析得出电梯的位置信息。在电动机轴端、与轿厢硬连接在一起的钢带的钢带轮上、限速器旋转轮上均可以设置旋转编码器来产生电子脉冲。通过以上的一个或多个(可以相互参照和校核)旋转编码器所产生的脉冲，送由控制系统内部(软件)进行运算分析，可以得到准确的电梯位置信息，还可以方便进行各种智能控制(如减速点实时选取等)。

6. 开关门机

电梯的开、关门动作是由电动机带动轿门和层门动作而实现的，因此自动开关门的控制也就是对电动机(门机)正反转、减速、停止的动作控制。随着变频技术的发展，越来越多的变频门机也成为开关门控制的一种新方式。变频门机由一台小型(容量)变频器、位置感应器和三相异步电动机组成。当电梯停站需开门时，主控制系统发出开门控制信号给变频器，使其带动门电动机，通过位置检测装置发出加速(减速)信号反馈回机房主控制系统，再由其控制变频器进行调频调速来控制开(关)门动作的实现。使用变频控制门机系统，不仅降低了开关门时的噪声和运行的故障率，而且使开关门的速度变化控制更加灵活和平滑。

7. 检修运行控制装置

检修运行控制装置是为电梯检修和维护的安全和方便而设置的一种运行装置，因此它的速度不应太快，国家规范规定检修运行速度不应大于 0.63 m/s。在机房电气控制柜上及轿厢顶上，设有供电梯检修运行的检修开关箱。检修控制装置应包括一个红色双稳态、能防止误操作的停止开关(该开关距检修人员进入位置不大于 1 m)。其他电器组件一般包括电梯慢上、慢下的按钮，点动开关门按钮，急停按钮，轿顶检修转换开关，轿顶检修灯开关。如果在机房、轿厢也设有检修装置，为了确保轿顶检修维护人员的安全，轿顶检修装置应有优先权，也就是说，当轿顶置于检修位置时，其他地方的检修装置应失效。

8. 电气安全保护装置

电梯(特别是客梯)是一种人员出入频繁的运输工具，因此对它的安全性能有更高的要求。为此，电梯中设计了许多机械和电气方式的安全装置。

4.3 电梯不安全状态及主要故障形式

4.3.1 电梯不安全状态分析

每台电梯都有一整套安全保护系统，当其安全保护系统任何一个环节出现故障或失灵时，电梯就处于不安全状态，如得不到及时有效的维护保养，随时都可能出现事故或故障。

常见的电梯不安全状态有以下几种。

1. 超速状态

超速状态，即电梯向上或向下运行速度超过额定速度的115%，包括以下两种状态：

(1)电梯轿厢空载或轻载向上运行时在途中紧急停驶。

(2)电梯轿厢以额定载重量向下运行时在途中紧急制动。

2. 越层、冲顶、撞底状态

电梯运行超越应停层站的正常位置而继续运行的状态，包括越层、冲顶和撞底三种：

（1）越层状态。电梯在中间层站上下运行时，出现超越应停层站正常位置而继续运行，并在非要求停层位置停止。

（2）冲顶状态。电梯向上运行至端站，超越正常停站位置而继续运行直至极限开关动作，强迫失电而停驶，或者当对重碰撞缓冲器后停驶。

（3）撞底状态。电梯向下运行至底站，超越正常停站位置直至强迫极限开关动作失电使电梯停驶或者当轿厢碰撞缓冲器后停驶。

3. 失控状态

失控状态，即电梯在运行中正常的制动手段和安全保护系统失灵，无法使电梯停止运行。包括以下状态：

（1）曳引钢丝绳严重打滑或曳引轮轮槽落底，使轿厢停站后仍滑行一段距离，或曳引钢丝绳断裂，使轿厢失控坠落。

（2）限速器钢丝绳断裂或限速装置失灵，使电梯无法立即停止。如限速器限位开关失灵、张紧轮断绳开关失灵、安全钳楔块或传动杠杆失灵或安全钳限位开关失灵。

（3）制动器制动失灵，使电梯无法可靠平层停站。

（4）轿厢超载110%以上时，向下运行使轿厢撞底。

4. 带故障状态

带故障状态即电梯有关的部件带故障运行。

（1）电梯门故障状态。常见有开门、关门、厅门关闭轿厢时突然失电停驶等故障，使电梯不能正常运行。

（2）轿厢故障状态。人站于轿厢内，发觉有严重连续不断机械性振动，感到有不安全感和晃动感。

（3）电梯不正常停止运行。电梯因主线路、控制线路、安全装置的故障等使电梯在运行中突然停车。

5. 其他不安全状态

其他不安全状态包括：①超载运行；②厅门、轿门未关闭状态下运行；③限速器失灵状态下运行；④选层器失灵状态下运行；⑤电动机错相、断相状态下运行；⑥带病状态下运行。

4.3.2　电梯的主要故障形式

电梯系统的质量与多种因素有关，这些潜在因素使电梯系统出现故障的可能性始终存在。故障的发生对电梯运行安全构成极大的威胁，而且可能进一步引发各种电梯伤害事故。电梯故障可以分为机械系统故障和电气系统故障两大类。以下列举电梯系统常见故障类型及其对应的原因。

1. 机械系统故障及故障原因分析

机械系统故障的具体形式有多种，涉及曳引系统、门系统、重量平衡系统、导向系统、安全保护系统等多个方面。例如，曳引系统方面包括：限速器和安全钳误动作，减速器涡轮蜗杆有啮死现象，曳引机漏油严重，曳引钢丝绳打滑，曳引机涡轮减速器发热冒烟等；门系统故障方面包括：门刀与厅门滚轮脱挂，开关门时门扇抖动大，电梯门不能开关，层门或轿门在开关过程中经常滑出坎槽等；重量平衡系统故障主要有：对重架锈蚀，对重架不牢靠，对重块脱落，补偿装置破损等；导向系统故障主要有：运行过程中的摩擦或撞击声，电梯运行时抖动和振动，对重轮噪声严重等；安全保护系统故障主要有：限位开关失效，门锁失效，超载保护装置失效，警报装置失灵等。

对于上述机械系统故障，引发故障发生的原因可以归纳为如下几类：

（1）机械磨损故障。电梯存在诸多的动部件，动部件磨损失效是最主要的失效形式。由于电梯润滑、振动等方面的原因，部分机械部件的磨损速度很快，发生故障的概率也较大。由于机械磨损的存在，因此电梯必须每隔3～5年进行一次大的检修，主要是针对易损的动部件进行维修，如钢丝绳、轴承等。

（2）机械疲劳故障。机械部件长时间受到周期性的、不同幅度的剪切、弯曲、挤压等作用时，会产生典型的疲劳现象，导致机械构件的强度降低、塑性变差。当零部件受疲劳削弱达到一定程度时，机械构件可能会在一定强度作用下断裂或破坏，从而造成严重的机械事故。以钢丝绳为例，钢丝绳长期承受拉应力作用，同时在曳引轮部位还要承受弯曲应力、剪切应力，因此在局部磨损的作用下，钢丝绳容易发生局部疲劳，导致钢丝绳强度削弱，钢丝绳伸长变形加剧，最后导致钢丝绳受力不均，甚至断绳。

（3）润滑系统故障。电梯的运转部件、导向部件等都需要定期进行润滑。润滑具有降温冷却、减小振动、缓冲压力、防止锈蚀、减小磨损等作用。良好润滑是机械部件得以运行的必要措施。由于电梯保养、维护等方面工作的不到位，相当部分电梯的润滑存在诸多问题，如润滑量不够、润滑剂选择不当，甚至无润滑等。

（4）固定连接部件故障。固定连接部件属于电梯系统的"支架"，一般情况下固定连接部件可靠性都比较高，但是经过常年的运行负载、振动等作用，电梯固定连接件容易发生松动，从而导致电梯在运行过程中出现错位，甚至引发事故。

从上面分析可知，通过对部件的润滑、紧固情况、机件工作间隙等的检测，能够实现电梯故障隐患的识别，为电梯安全评价提供基础。

2. 电气系统故障及故障原因分析

电气系统故障按故障的表现形式，可以分为电梯电气安全回路故障、门系统联锁回路故障、控制柜元件损坏引起的故障等。

（1）电气安全回路的故障。电气安全回路属于串联电路，通过将重要的电气安全开关串联，当且仅当所有的电气安全开关有效正常时，控制安全回路的继电器才能够闭合，电梯才能够正常运行。

（2）门联锁故障。与电气安全回路类似，门联锁是一系列的电气联锁开关，当所有的开关都正常的情况下，才能够表明电梯门处于正常状态。但是，由于存在众多的触点，门联锁容易出现触点接触不良等问题，从而引发故障。

（3）元器件故障。电子元器件故障主要发生在控制柜。当继电器由于老化、湿度大等原因承受较大电流时，容易引起线圈烧毁，从而引发整个电气安全回路断开，导致电梯停梯。类似的元器件故障还有触点短路、断路。元器件的存在给电梯的安全运行增加了诸多不确定性因素，增大了电梯风险。

对电气安全回路检测、门锁触点检测以及控制柜的温度等检测都有利于降低电梯电气系统故障发生的概率，同时，从电梯运行期间控制柜的温度、安全回路的有效性等方面的情况也能估计电梯发生故障的可能性。

4.4　电梯典型事故案例分析

4.4.1　电梯"溜车"事故案例

电梯溜车现象在电梯的日常运行中时有发生。这里所说的"溜车"，是指电梯在失去电力驱动和控制的情况下，由于轿厢与对重之间的质量差产生的位势能引起轿厢(或对重)上升或下降的现象。

事发经过：2011年12月17日早上7点，一小区宿舍楼的一台客梯发生"溜车"。该梯为一台PLC(可编程控制器)控制的调压调频调速电梯，由司机操作。事发当日，8楼有人呼梯，司机操纵电梯从1楼前往应答。到达8楼后电梯自动开门，一位老者挂拐进入轿厢。在轿、厅门尚未完全关闭时，电梯便向上运行，致使乘客摔倒。司机欲拉乘客，未果，立即操作"急停"及"检修"开关，此时乘客被卡于轿厢地坎与8楼厅门上端钩子锁位置处，造成右腿膝盖以下50mm处离断，左腿皮外伤。经多方抢救和手术，处置了离断的右腿，并将左小腿皮肉缝合。

1)现场勘查情况

(1)制动器两个制动闸瓦中，其中一侧闸瓦因机械卡阻张开着不能复位，另一侧闸瓦因带闸运行而磨出很多黑色粉末。

(2)与制动器线圈相并联的放电回路已完全脱焊，失去应有的作用。

(3)制动器线圈的控制回路中有一对电气接点(KMS继电器)断线(脱焊)。

(4)制动器线圈在不通电(释闸)的情况下，在机房手动盘车阻力较小。

(5)现场未见人为破坏，设备其他装置未见异常。

2)询问、查阅有关人员和记录情况

(1)询问电梯司机得知，故障发生时操作"急停""检修"开关均未起作用，电梯继续缓慢上行，没有电梯带电启动运行时的感觉和速度。

(2)查阅事故电梯运行记录如下：

① 7月29日记录：电梯时而能锁梯，时而不能锁梯，显示有时不正常。

② 7月30日早、晚班记录：电梯有时出现不平层(向上突出一块)。

③据其他电梯司机反映，事故前几天，电梯停车时还有"咯噔"的异响。

(3)7月10日未见排除故障和保养记录(7月10日前记录资料齐全)，原因是维修工放长假。也就是说，从7月10日至8月1日事故发生时的20多天中无人进过机房，也未对电梯进行保养。

(4)电梯维修工中只有一人曾经有操作上岗证，但其证已过期失效，并未复审。

3)事故原因分析

(1)直接原因(技术分析)

根据事故现场勘察、询问、查阅记录等原始材料，专家组分析认定该事故为电梯溜车事故。理论上，产生电梯溜车的原因有两种。

原因一　曳引轮绳槽严重磨损引起曳引机曳引力不足的溜车。绳轮槽严重磨损时绳槽能由 V 形变为 U 形，其后果是造成曳引力严重下降。然而，靠曳引力来拖动电梯负载的曳引机显然因为曳引条件失去平衡而发生电梯溜车。根据维修经验，归纳出以下几条绳槽磨损的原因：a. 一般曳引绳轮的材料为球墨铸铁，曳引绳轮球化不均匀或硬度偏低，很容易磨损；b. 钢丝绳材质不符合要求，电梯用钢丝绳应是外粗式的西鲁式，其油芯应该是能储油的天然材料（如麻花），而市场上有些钢丝绳的油芯改用尼龙芯，因尼龙不吸油而产生干磨，加速其磨损；c. 电梯运行时，钢丝绳在绳槽中打滑或打滚；d. 钢丝绳张力严重超差，超过互差 5% 的要求，造成几根钢丝绳的速度不一致，钢丝绳在绳槽中有相对滑动；e. 由于在安装或更换钢丝绳时预留过长或经使用后的伸长造成缓冲距离偏小，轿厢运行到顶层时经常超出平层误差，对重可能接触或压缩缓冲器，使绳槽来回滑动；f. 曳引绳轮使用日久，自然磨损达到严重程度，未换（或加工）绳轮。经检查后发现，钢丝绳、曳引轮及其绳槽均正常，不存在导致曳引力下降的可能，因而不属上述原因。

原因二　电梯制动器动力不足引起的溜车。经过分析，此次事故完全符合第二种溜车所具备的条件，具体原因是（充要条件）：a. 曳引电动机脱离供电电源，不属于电力驱动。从司机打"急停""检修"开关、厅轿门开着走梯和当班司机的口述，可以排除电力驱动的可能。b. 制动器的制动力达不到规定要求，即制动力不足。本事故从现场勘察的情况发现，其中一侧闸瓦被机械卡阻，另一侧闸皮被磨损造成间隙加大，人力盘车轻快等因素可以证明制动器的制动力严重不足。c. 电梯属于位势能负载，轿厢与对重存在较大的质量差时，两者产生质量的不平衡。本事故电梯当时轿厢内只有司机和伤者共两人，对重明显重于轿厢，轿厢属于轻载，事故时轿厢往上去是符合逻辑的。d. 涡轮减速箱的涡轮副属于非自锁性质。事故梯的涡轮减速机速比为 65∶2，是双头蜗杆，处于半自锁状态。当制动力不足时，外界对电梯（一般是在轿厢内）产生一个扰动时就可以破坏当时的临界平衡状态，从而引发电梯溜车。本案例是老者拄拐，首先一只脚点地进入轿厢时有一个质量冲击产生的扰动，另一条腿在来不及收腿的情况下致使被卡。综上所述，制动器制动力严重不足是造成此次事故的直接原因。

（2）间接原因

① 电梯管理上的问题。a. 管理制度不健全，甚至没有维修保养方面的管理制度，司机、维修人员无证上岗操作。b. 电梯维修保养不到位，管理者责任心不强，司机此前多次反映电梯有故障而未引起重视，电梯长期带故障运行。c. 维修人员技术素质差，制动器闸瓦卡阻、闸皮磨蹭制动轮发出异味均未能处理。d. 管理失职，维修工从 7 月 10 日起脱岗（放假），20 余天无人进入机房，电梯处于失养失修状态。

② 电气安全回路继电器的问题：a. 选型不对，国际 GB7588—1995 明确规定应选用继电接触器，而此处选用微型继电器。b. 一对电接点断线使一侧闸瓦不能打开，造成闸皮磨损，间隙加大。

4.4.2　电梯"蹲底"事故案例

事发经过：

某机关大楼有一台有司机操作电梯，载重量为 1t。某日会议结束，电梯司机将 8 楼与会人员分批运送下楼。开始电梯司机尚能严格控制人数，每次乘载 13 人，但到最后，发现还留下 17 人，电梯司机认为没有必要再分两次运送，故而多载了 4 人。在向下运行时，电梯司机略感到电梯速度有所加快，他开始没有在意，也没有采取措施；等到他感觉不妙时，电梯轿厢已快速向下沉底，与缓冲器相撞后，再反弹起来，轿厢受到剧烈的震动，轿顶的装饰脱落掉下，致使轿厢内多名乘客受伤。

事故原因分析：

（1）电梯司机没有自始至终严格遵守电梯安全操作制度，超载运行。

（2）电梯超载，制动器失效；电梯超速运行，安全钳没动作，安全钳失效。

（3）电梯司机当发觉电梯行驶速度有所加快时，没有及时采取相应的安全措施，造成了人员伤害和设备事故。

4.4.3　电梯司机坠落电梯井道

事发经过：

某市某针织品进出口公司办公大楼有一台 XH 型信号电梯，经常快车开不出，虽经修理但没有彻底修好，时好时坏，带故障运行。一名电梯司机（无操作证）公休后第一天上班，将电梯开往 3 楼冲开水、上厕所。司机离开岗位后，一名职工欲乘电梯下楼，但开不出，于是利用应急按钮开慢车，在层门开启的情况下驶向 1 楼。司机回来后看到层门开着误认为电梯还在该层，结果一脚踏空坠落在轿厢顶部，当场死亡。

事故原因分析：

（1）这起事故是因该司机（无证操作）擅自离岗去冲开水、上厕所，一职工进入电梯在不懂操作程序的情况下，启动电梯使轿厢驶离原层站面而引起的。

（2）电梯设备带故障运行，驶离层站后层门仍敞开。该司机进入轿厢，未看清轿厢是否在本层站而盲目闯入，坠落身亡。

（3）维保人员责任心不强，素质、技术水平低下，电梯在事故前经过修理，但处理得不彻底。

4.4.4　违规操作致乘客坠入井道

事发经过：

某机械厂金工车间主任准备从 3 楼到 1 楼去找车间检验员来检验一批零件，按了几次召唤按钮，电梯显示装置的灯不亮，只听到井道内有电梯运行的响声。原来此刻电梯正在检修，故而电梯驾驶员（无操作证）没有将指层灯开关打开，后来多次听到 3 楼呼叫，就把电梯开往 3 楼。当电梯从上往下运行将到达 3 楼时，驾驶员停下电梯拉开层门 50cm 左右准备告知不能载客，想不到该主任见3楼层门徐徐打开就立即跨了进去，结果从轿厢底部坠落底坑，当场死亡。

事故原因分析：

（1）管理上有缺陷。电梯驾驶系特种作业，该厂对电梯司机没有进行严格正规的技术培训。电梯的安全使用规程虽有，但没有挂出，乘电梯比较混乱，导致事故的发生。

（2）违章作业。电梯司机在电梯未到位、轿厢门开着的情况下，弯腰用手拨动门锁打开了3楼厅门，导致该主任误以为轿厢到位而一脚踏空跌入井道致死。

4.4.5　电梯夹人事故

事发经过：

某街道刃具厂有一台按钮选层自动门电梯，层门机械锁经常与轿厢门上的开门刀碰擦，又不能彻底修复，经常带故障运行。有一天电梯驾驶员脱岗，3名工人擅自将电梯从3楼开往1楼。经过2楼时，电梯突然发生故障，停止运行。轿门打不开，呼叫又无人听到，因而3个人当中有1人从安全窗爬出去。为了站立方便，该工人又将安全窗盖好。他一只脚踏在轿顶上，另一只脚踏在2楼层门边进行检查修理。突然电梯上升，将此工人轧在轿厢与2楼层门之间，当场死亡。

事故原因分析：

（1）职工无证驾驶，不懂得电梯性能和操作规程，又违章上轿顶，不切断电源并且将安全窗覆盖好导致接通电源，在轿顶用手使层门电锁复位时，电梯在平层区自动平层，导致该职工被轧死。

（2）该厂对电梯的管理不严，电梯经常带故障运行。无必要的安全制度，因而造成电梯驾驶员经常离岗，职工擅自驾驶和修理电梯。

4.4.6　三角钥匙管理不当致老人坠入底坑事故

事发经过：

某市级医院大楼有一台手开门电梯，在操作运行的过程中，驾驶员经常擅自离开岗位且不关闭层门和切断电源。一天一名老年勤杂工为帮他人挂号，发现4楼电梯层门敞开，驾驶员不在，就擅自将电梯驶到1楼，然后离开轿厢前去挂号。此时电梯驾驶员发觉电梯被他人开走，找到1楼将电梯仍开回4楼。老工人挂完号急匆匆来到电梯处，发觉层门已关闭，急忙掏出三角钥匙打开基站层门一脚跨入，踏空坠落底坑而昏迷，长时间无人发觉，窒息死亡。

事故原因分析：

（1）该院对特种设备管理混乱，无必要的规章制度，电梯驾驶员在擅离岗位后不采取任何安全措施，造成其他职工擅自动用电梯，并且电梯三角钥匙流散在外没有追查。

（2）老工人思想不集中，进入轿厢前没有看清电梯是否在该层站的井道内，致使踏空坠落底坑，造成事故。

4.4.7 女孩遇险强行扒开电梯门事故

事发经过：

贵州省遵义市一个 21 岁的女孩，在狮山大酒店乘坐电梯时，在电梯停止运行情况下，竟然强行扒开电梯门，结果跌落到 10 多米深的电梯井内，当场死亡。电梯里的摄像头拍下了她生命的最后 8 分钟。在酒店的电梯监控室可以看到，女孩在当天傍晚的 6 时 34 分走进电梯后，电梯便停在半空中。女孩先是打手机求助，但似乎没有打通。随后她重重地敲了一下电梯门，并连续按电梯上的按钮。随后，女孩开始用手扒门，她艰难地把电梯门扒开，发现面前是一堵墙。接下来，她开始第二次扒门，这次她发现脚下还有一道电梯门，并把这道门也打开了。她把头伸进间隙处看了看，但很显然她并没有看到下面是一个深深的黑洞。她迟疑了一会儿，开始第三次扒门，这次很熟练地打开了两道门，并做出了一个令人不可思议的动作，钻了出去。

虽然有一道门在她的腰上夹了一下，但这并没有阻止她做完这个动作。最后，电梯门关上了，这个女孩也消失在我们的视野中。这时的时间是傍晚 6 时 42 分，离她进电梯只有 8 分钟。一个鲜活的生命在短短的 8 分钟里就以这样的方式结束了。这个悲剧提醒我们，当遇到紧急情况时，一定要冷静，而且平常要积累一些避险的常识。

事故原因分析： 当事人缺乏电梯使用基本安全常识，导致悲剧发生。

5 起重机械典型事故案例分析

　　人类用起重机械已有 2000 多年的历史，远在公元前 10 年，古罗马建筑师维特鲁维斯曾在其建筑手册里描述了一种起重机械，这种机械有一根桅杆，杆顶装有滑轮，由牵索固定桅杆的位置，用绞盘拉动通过滑轮的缆索，以吊起重物，但横向平移幅度很小，且操作十分吃力；到 15 世纪，意大利发明了转臂式起重机，才解决了这个问题。这种起重机有根倾斜的悬臂，臂顶装有滑轮，既可升降又可旋转。但直到 18 世纪，人类所使用的各种起重机械还都是以人力或畜力为动力的，在起重量、使用范围和工作效率上很有限。18 世纪中后期，英国瓦特改进和发明蒸汽机之后，为起重机械提供了动力条件；1805 年，英格兰工程师伦尼为伦敦船坞建造了第一批蒸汽起重机；1846 年，英国的阿姆斯特朗把新堡船坞的一台蒸汽起重机改为水力起重机，这都标志着工程师们开始寻求更多的起重机械动力来源。

　　起重机主要包括起升机构、运行机构、变幅机构、回转机构和金属结构等。起升机构是起重机的基本工作机构，大多是由吊挂系统和绞车组成，也有通过液压系统升降重物的。运行机构用以纵向水平运移重物或调整起重机的工作位置，一般是由电动机、减速器、制动器和车轮组成。变幅机构只配备在臂架型起重机上，臂架仰起时幅度减小，俯下时幅度增大，分平衡变幅和非平衡变幅两种。回转机构用以使臂架回转，是由驱动装置和回转支承装置组成。金属结构是起重机的骨架，主要承载件如桥架、臂架和门架可为箱形结构或桁架结构，也可为腹板结构，有的可用型钢作为支承梁。

　　起重机械是现代工业生产不可缺少的设备，被广泛地应用于各种物料的起重、运输、装卸、安装等作业中，从而大大减轻了体力劳动强度，提高了劳动生产率。有些起重机械还能在生产过程中进行某些特殊的工艺操作，使生产过程实现机械化和自动化。起重机械是以间歇、重复的工作方式，通过起重吊钩或其他吊具起升、下降或运移物料的机械设备，工作范围较大，危险因素较多，因此对其提出的安全要求也较高。

5.1　起重机械主要零部件及工作特点

5.1.1　起重机械主要零部件

　　起重机械按照其功能和构造特点，可分为三类。第一类是轻小型起重设备，其特点是轻便，构造紧凑，工作简单，作业范围以点、线为主；第二类是起重机械，其特点是可以使挂在起重吊钩或其他取物装置上的重物在空间实现垂直升降和水平运移；第三类是升降机，其特点是重物或取物装置只能沿导轨升降。这三类起重机械又是由许多结构和工作用途不同的零部件组成的，这些零部件在起重机作业过程中相互配合，共同完成起吊作业。

1. 制动装置

制动装置是保证起重机安全正常工作的重要部件。在吊运作业中，制动装置用以防止悬吊的物品下落，防止转台或起重机在风力或坡道分力作用下滑动，或使运转着的机构降低速度，最后停止运动，也可根据工作需要夹持重物运行，特殊情况下，通过控制动力与重力的平衡，调节运动速度。

按照操作情况的不同，制动器分为常闭式、常开式和综合式三种，起重机械上多采用常闭式制动。常闭式制动器在机构不工作期间是闭合的；欲使机构工作，只需通过松闸装置将制动器的摩擦副分开即可。

起重机械上采用的制动器有块式制动器、带式制动器、盘式制动器。

块式制动器构造简单，制造、安装、调整都比较方便，在起重机械上应用最广泛。短行程块式制动器重量轻、制动快，缺点是冲击和噪声大，寿命短，制动力矩小，有剩磁现象，不适用于起升机构。长行程块式制动器优点是行程大，可以获得较大制动力矩，制动快，很少有剩磁现象，比较安全；其缺点是构件多，体积和重量大，功率低，只适用于起升机构。

带式制动器适用于外形尺寸受限制、制动转矩要求很大的场合，流动式起重机上多采用这种制动器；其缺点是安全性较低，制动带断裂将产生严重后果。

盘式制动器的制动转矩大，外形尺寸小，摩擦面积大，磨损小。这种制动器的特点是在相同的轴向压力作用下，制动力矩随着摩擦面的增加而增大，因此，对于起重量不同的电动葫芦可以用增加或减少制动片数量来设计不同规格的制动器，通用性好；其缺点是电磁铁线圈温升容易发热、冲击、噪声大和零部件易损伤。

2. 车轮及轨道

车轮是起重机械与起重机小车运行机构的一个组成部件。车轮按照轮缘形式可分为三种类型，即双轮缘车轮、单轮缘车轮、无轮缘车轮；按与之配合的轨道种类可分为在钢轨上行走的轨上行走车轮、在工字钢下翼缘行走的悬挂式车轮和在承载索上行走的半圆槽滑轮式车轮。

车轮按踏面形状分为圆柱形、圆锥形和鼓形车轮。圆柱形车轮多用于从动轮，也可用于驱动轮；圆锥形车轮用作起重机大车驱动轮，常用锥度为 1:10，安装时应将车轮直径大的一端安装在跨度内侧，使得运行平稳，自动走直效果；鼓形车轮踏面为圆弧形，主要用于电动葫芦悬挂小车和圆形轮道起重机，用以消除附加阻力和磨损。

起重机车轮多用铸钢制造，一般采用 ZG310 – 570 以上的铸钢；小尺寸车轮也可用锻钢制造，一般用不低于 45 号的优质钢；对于轮压小于 50kN、运行速度小于 30m/min 的车轮，也可以采用铸铁制造，其表面硬度为 HB180 – 240。

机械制造中，有些工件要求表面与芯部具有不同的性能，如齿轮、销子、车轮等。它们在摩擦条件下工作，同时还承受冲击载荷。因此，工件表面应具有较高的硬度、耐磨性和高的疲劳强度，芯部具有一定的韧性和塑性。为了满足这些要求，可采用两种方法，一是用渗碳钢进行渗碳淬火，二是用中碳钢表面淬火。

车轮踏面是采用深层热处理工艺，为防止运行中淬硬层脱落，提高使用寿命。热处理后，车轮踏面和轮缘内侧表面的硬度要求为 HB＝300～380，并且要求在 HB260 硬度层的深度。当车轮直径小于 400mm 时，淬硬层深度大于 15mm；当直径大于 400mm 时，淬硬层深度大于 20mm。车轮表面硬度不应过大，否则会加速轨道的磨损。

当车轮出现以下情况时，应报废：①轮缘及轮辐等处出现裂纹；②轮缘厚度磨损量达原厚度的 50％；③踏面磨损不均匀，踏面厚度磨损量达原厚度 15％；④车轮有显著变形；⑤车轮转动不灵活，轴承润滑状态不好，有异常响声和振动。

3. 钢丝绳及索具

钢丝绳是起重机械的重要零件之一，它具有强度高、挠性好、自重轻、运行平稳、极少突然断裂等优点，因而广泛用于起重机的起升机构、变幅机构、牵引机构，也可用于旋转机构。

钢丝绳要求有很高的强度和韧性，常采用含碳量 0.5％～0.8％的优质碳素钢制造。为了防止脆性，S、P 含量都不得大于 0.035％。钢丝绳由一定数量的钢丝和绳芯经过捻制而成，首先将钢丝捻成股，然后将若干股围绕绳芯制成绳。起重机用钢丝绳的强度一般为 1400～1700N/mm^2。绳芯是被绳股缠绕的挠性芯棒，起到支撑和固定绳股的作用，并可以储存润滑油，增加钢丝绳的挠性。

钢丝绳受力复杂，除拉伸外，当钢丝绳绕过滑轮和绕入卷筒时，在钢丝中还产生弯曲应力和接触应力。外层钢丝应力最大，内层钢丝应力最小，疲劳破坏通常都是由外层钢丝开始。

4. 卷筒

卷筒的作用是在起升机构或牵引机构中用来卷绕钢丝绳，传递动力，并把旋转运动变为直线运动。起重机上常用的卷筒多为圆柱形，卷筒两端多以幅板支承。幅板中央有孔洞，中间有轴，通常有长轴和短轴两种形式。

卷筒一般采用不低于 HT20～HT40 的铸铁制造，重要的卷筒可采用球墨铸铁，很少采用铸钢。因为铸钢工艺要求和成本都较高，壁厚因铸造工艺要求不能过薄。大型卷筒多用 A3 钢板弯卷成筒状焊接而成，可大大减轻重量。

卷筒上钢丝绳尾端的固定装置，通常采用压板或楔块固定。检验时，应检查每块压板是否同时压住两根钢丝绳，不允许只压一根绳。

5. 齿轮及减速器

在起重机上，通常把齿轮安装在密闭箱体内，成为独立部件，称为闭式传动或者减速器。齿轮的材质一般采用中碳钢经调质处理或者齿部高频淬火处理，要求较高的齿轮采用低碳合金钢，经渗碳、齿面淬火等处理，可获得高性能。

5.1.2　起重机械工作特点

从安全技术角度分析，起重机械有如下工作特点：

(1)起重机械通常具有庞大的结构和比较复杂的机构，能完成一个起升运动、一个或几个水平运动。例如，桥式起重机能完成起升、大车运行和小车运行三个运动；门座起重机能完成起升、变幅、回转和大车运动四个运动。作业过程中，通常是几个不同方向的运动同时操作，技术难度较大。

（2）所吊运的重物多种多样，载荷是变化的，有些重物重量高达几百吨甚至上千吨，有些物品长达几十米，形状很不规则，还有散粒、热熔状态、易燃易爆危险品等，使吊运过程复杂而危险。

（3）大多数起重机械，需要在较大的范围内运行，有的要装设轨道和车轮（如塔吊、桥吊等），有的要装设轮胎或履带在地面上行走（如汽车吊、履带吊等），有的需要在钢丝绳上行走（如客运索道等），活动空间较大，一旦造成事故影响的面积也较大。

（4）有些起重机械需要直接载运人员在导轨、平台或钢丝绳上做升降运动，其可靠性直接影响人身安全。

（5）暴露的、活动的零部件较多，且常与吊运作业人员直接接触，潜在许多突发的危险因素。

（6）作业环境复杂，从大型钢铁联合企业到现代化港口、建筑工地、铁路枢纽，都有起重机械在运行；作业场所常常会有高温、高压、易燃易爆、输电线路、强磁等危险因素，对设备和作业人员形成威胁。

（7）作业中常常需要多人配合，共同进行一个操作。需要指挥、捆扎、驾驶等作业人员配合熟练，动作协调，互相照应；作业人员应有处理现场紧急情况的能力；各个作业人员之间密切配合比较困难。

上述诸多危险因素的存在，决定了起重机械经常会发生伤亡事故。根据有关资料显示，我国每年起重机械伤害事故的因工死亡人数，占全部工业企业因工死亡总人数的15%左右。为了保证起重机械的安全运行，避免各类事故的发生，有必要整理起重机各类事故，从中吸取经验教训，避免再次发生同类事故。

5.2　起重机金属结构及其零部件失效分析案例

5.2.1　起重机用制动轮表面裂纹失效分析

门式起重机是一种重要且具有代表性的有轨运行式起重机械，具有短暂、重复、起制动频繁及冲击载荷大等工作特点，广泛应用于货场、仓库和组装车间等。制动轮是门式起重机上一个极其重要的零件，它是保证起重机安全运行的重要部件。制动轮的安全直接关系到起重机的运行性能和安全性能。对一台使用超过15年的门式起重机进行安全评估，发现其制动轮表面存在较多裂纹，影响其制动性能。为查明制动轮表面裂纹形成原因，对其进行失效分析。

1. 宏观检查

送检样品经清洗后的外观形貌如图5-1所示。可以看出，送检样品的表面有多段细小、长短不一、相互平行的裂纹，且裂纹扩展方向与制动轮的周向相一致。送检样品的表面还有很多磨擦划痕，且磨擦划痕方向与制动轮轴向相一致。在送检样品表面未见龟裂。

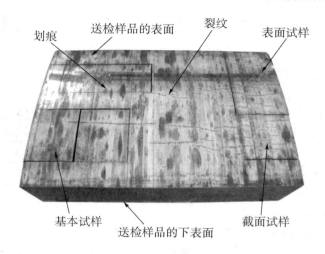

图 5 - 1　失效的制动轮外观形貌

2. 化学成分分析

用德国 Foundry Master 台式真空火花发射光谱仪对送检样品进行材料化学成分检测，结果如表 5 - 1 所示。表中同时列出中国 JB/T 6402—1992 标准中 ZG40Cr1 的标准成分，以供比较。

检测结果表明：按现行产品标准，送检样品材料化学成分均符合 JB/T 6402—1992 标准中 ZG40Cr1 的标准成分要求。

表 5 - 1　　材料化学成分分析结果

材　料	化　学　成　分（质　量　分　数）/%							
	C	Si	Mn	P	S	Cr	Mo	Ni
送检样品	0.418	0.250	0.602	0.0184	0.00993	0.937	<0.0050	0.0255
JB/T 6402—1992 标准中 ZG40Cr1 标准成分	0.35～0.45	0.20～0.40	0.50～0.80	≤0.035	≤0.035	0.80～1.10	≤0.15	≤0.30
材　料	化　学　成　分（质　量　分　数）/%							
	Al	Co	Cu	Nb	Ti	V	W	Fe
送检样品	0.0055	0.0077	0.0263	<0.0030	0.0042	0.0154	0.0310	97.6
JB/T 6402—1992 标准中 ZG40Cr1 标准成分	—	—	≤0.25	—	—	≤0.05	—	Bal.

3. 显微硬度检测

采用 Micro - Vickers 40/MVA 型显微硬度计，在 1.96N 和 10s 的测试条件下，对截面试样不同区域进行显微硬度的测试，结果如表 5 - 2 所示。从表 5 - 2 的数据可见，送检样品不同区域的显微硬度值相差较大，表面区域的显微硬度值基本上是基体内部的两倍左右。

表5-2 送检样品的显微硬度检测结果

检测样品	硬度(HRC)					
	第1点	第2点	第3点	第4点	第5点	平均值
表面区域	389.2	398.6	403.0	400.6	386.7	395.6
距表面约0.6mm区域	441.7	461.2	441.7	458.9	441.7	449.0
距表面约1.2mm区域	360.3	363.0	357.0	347.2	353.2	356.1
远离表面区域	234.2	220.0	242.9	239.5	224.8	232.3
进一步远离表面区域	215.0	223.8	232.9	215.2	217.9	221.0

4. 金相组织分析

图5-2所示为截面试样上裂纹的抛光态金相照片，其中图5-2b、c、d是图5-2a的局部放大，图5-2f、g、h是图5-2e的局部放大，图5-2j、k、l是图5-2i的局部放大，图5-2n、o、p是图5-2m的局部放大，它们分别显示所取的金相样品截面上4条裂纹的形态。可以看出，裂纹起始于表面，向基体内部扩展。裂纹前端宽，尾端尖细。

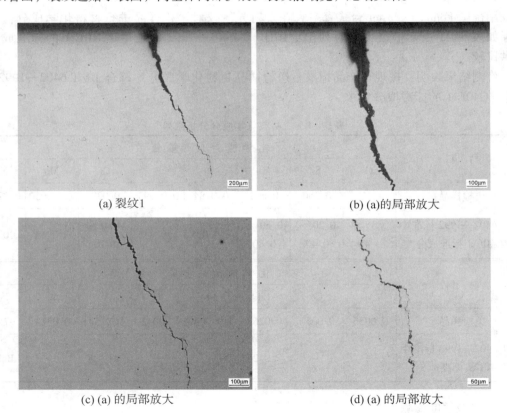

(a) 裂纹1

(b) (a)的局部放大

(c) (a)的局部放大

(d) (a)的局部放大

图5-2 截面试样上裂纹的抛光态金相照片

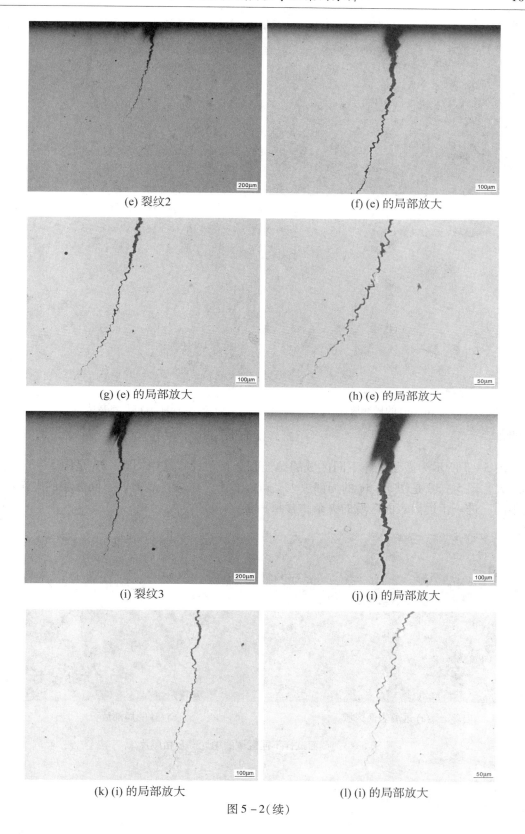

(e) 裂纹2

(f) (e) 的局部放大

(g) (e) 的局部放大

(h) (e) 的局部放大

(i) 裂纹3

(j) (i) 的局部放大

(k) (i) 的局部放大

(l) (i) 的局部放大

图 5 - 2(续)

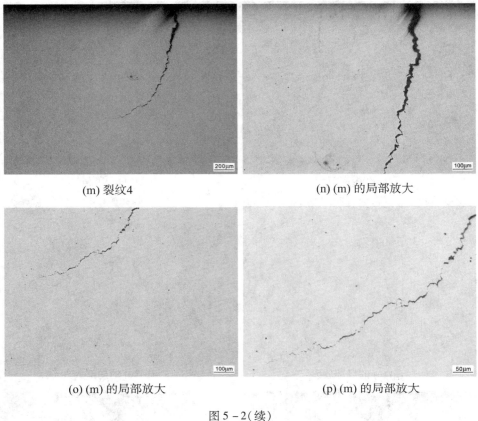

(m) 裂纹4   (n) (m) 的局部放大

(o) (m) 的局部放大   (p) (m) 的局部放大

图 5-2(续)

图 5-3 所示为截面试样不同区域的抛光态金相照片，其中图 5-3b 是图 5-3a 的局部放大，图 5-3d 是图 5-3c 的局部放大。可以看出，送检样品截面不同区域的夹杂物含量不同，进一步远离表面区域的夹杂物含量稍多。

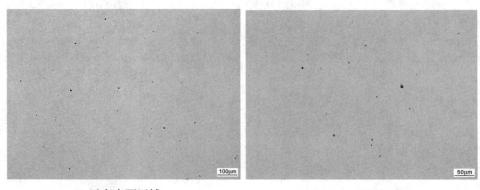

(a) 远离表面区域   (b) (a) 的局部放大

图 5-3 截面试样不同区域的抛光态金相照片

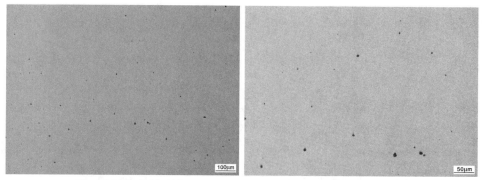

(c) 进一步远离表面区域　　　　　　　　(d) (c) 的局部放大

图 5 - 3 (续)

　　上述金相试样观察磨面经 4% 硝酸酒精浸蚀后的微观形貌分别如图 5 - 4 和 5 - 5 所示。其中，图 5 - 4 所示为截面试样上裂纹的腐蚀态金相照片，图 5 - 4b、c 是图 5 - 4a 的局部放大，图 5 - 4e、f 是图 5 - 4d 的局部放大，图 5 - 4h、i 是图 5 - 4g 的局部放大，图 5 - 4k、l 是图 5 - 4j 的局部放大，它们分别显示所取的金相样品截面上 4 条裂纹腐蚀后的形态。可以看出，裂纹呈穿晶开裂。

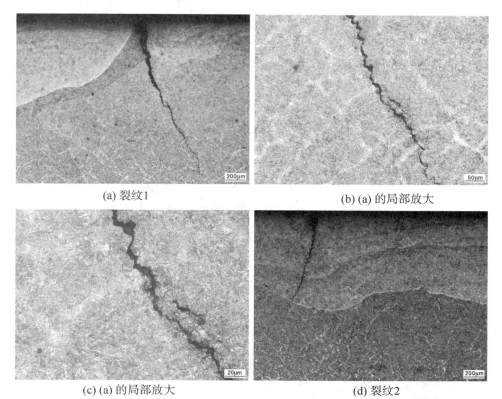

(a) 裂纹1　　　　　　　　　　　　　　(b) (a) 的局部放大

(c) (a) 的局部放大　　　　　　　　　　(d) 裂纹2

图 5 - 4　截面试样上裂纹的腐蚀态金相照片

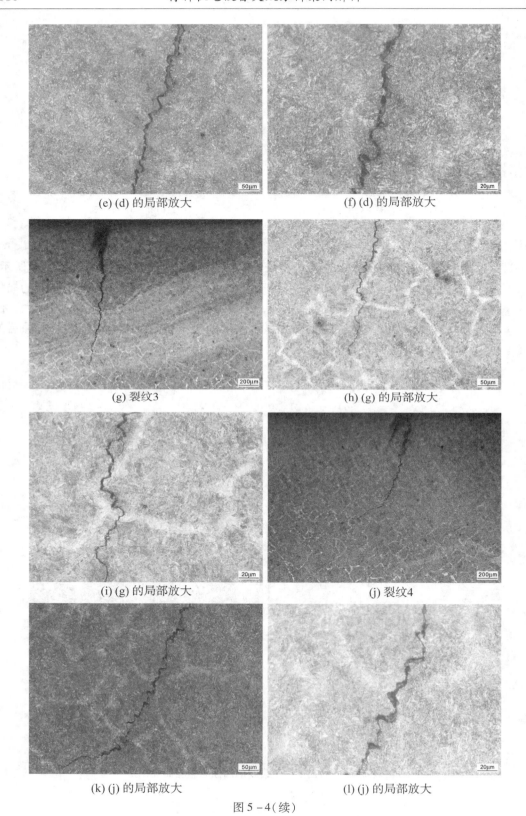

(e) (d) 的局部放大

(f) (d) 的局部放大

(g) 裂纹3

(h) (g) 的局部放大

(i) (g) 的局部放大

(j) 裂纹4

(k) (j) 的局部放大

(l) (j) 的局部放大

图 5 - 4(续)

图5-5所示为截面试样不同区域的腐蚀态金相照片，其中，图5-5a显示表面区域的金相组织，图5-5b、c是图5-5a的局部放大。图5-5d显示表面附近区域的金相组织，图5-5e、f是图5-5d的局部放大。图5-5g显示远离表面区域的金相组织，图5-5h、i是图5-5g的局部放大。图5-5j显示进一步远离表面区域的金相组织，图5-5k、l是图5-5j的局部放大。可以看出，送检样品表面区域的组织为保持马氏体位向分布的回火索氏体，基体组织为珠光体+网状分布的铁素体+少量的魏氏体组织。

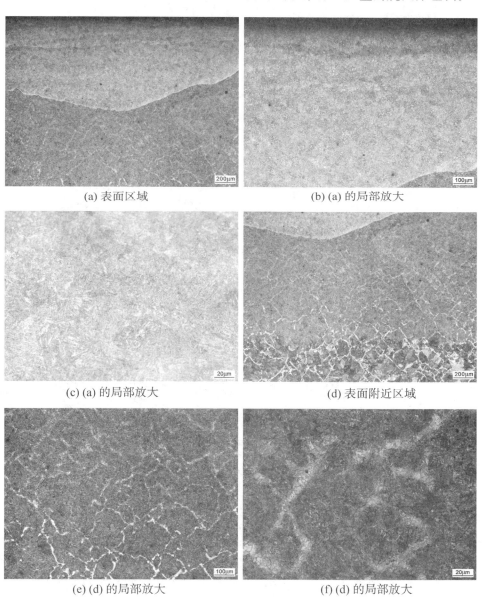

(a) 表面区域

(b) (a) 的局部放大

(c) (a) 的局部放大

(d) 表面附近区域

(e) (d) 的局部放大

(f) (d) 的局部放大

图5-5　截面试样不同区域的腐蚀态金相照片

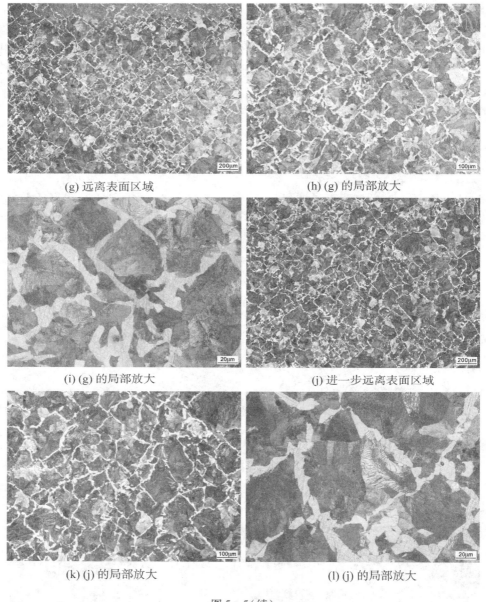

(g) 远离表面区域

(h) (g) 的局部放大

(i) (g) 的局部放大

(j) 进一步远离表面区域

(k) (j) 的局部放大

(l) (j) 的局部放大

图 5-5(续)

图 5-6 所示为基体试样下表面的金相试样的抛光态金相照片。其中，图 5-6a 显示基体中的夹杂物较多，图 5-6b 是图 5-6a 的局部放大。图 5-6c 显示基体内部有孔洞等缺陷，图 5-6d 是 5-6c 的局部放大。图 5-6e、f、g、h、i、j、k、l 显示基体内部平行表面的金相试样上有一条较长、较宽的裂纹，裂纹扩展方向与制动轮的轴向相一致。

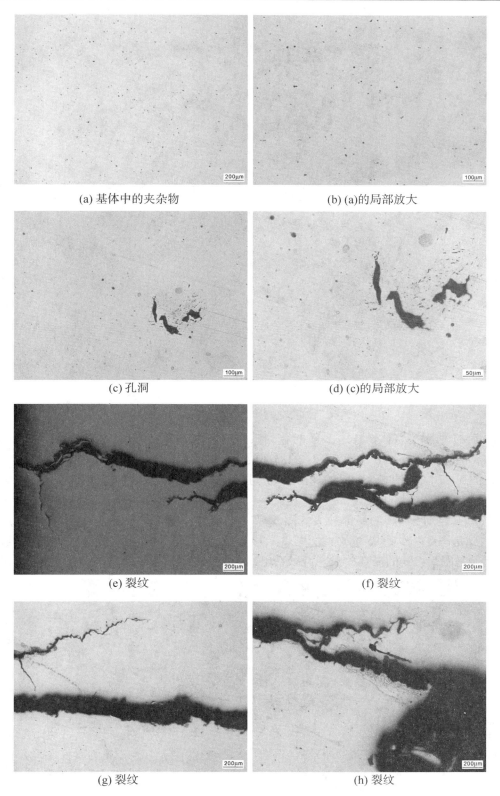

(a) 基体中的夹杂物

(b) (a)的局部放大

(c) 孔洞

(d) (c)的局部放大

(e) 裂纹

(f) 裂纹

(g) 裂纹

(h) 裂纹

图 5 - 6　基体试样下表面的金相试样的抛光态金相照片

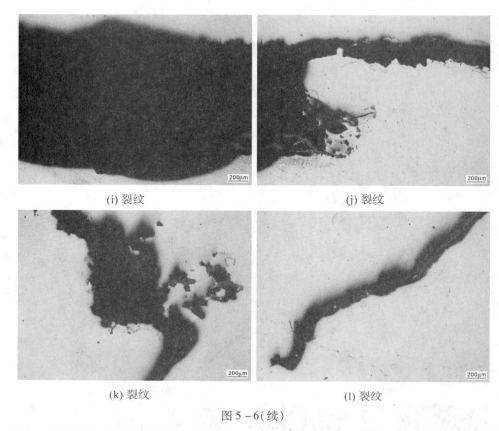

(i) 裂纹 (j) 裂纹

(k) 裂纹 (l) 裂纹

图 5 - 6(续)

图 5 - 7 所示为基体试样下表面的金相试样的腐蚀态金相照片。其中，图 5 - 7a 显示裂纹的腐蚀态，图 5 - 7b 是图 5 - 7a 的局部放大。图 5 - 7c 显示裂纹一侧靠近裂纹区域的金相，图 5 - 7d、e 是图 5 - 7c 的局部放大。图 5 - 7f 显示裂纹一侧远离裂纹区域的金相，图 5 - 7g、h 是图 5 - 7f 的局部放大。图 5 - 7i 显示裂纹一侧进一步远离裂纹区域的金相，图 5 - 7j、k 是图 5 - 7i 的局部放大。图 5 - 7l 显示裂纹另一侧靠近裂纹区域的金相，图 5 - 7m、n是图 5 - 7l 的局部放大。图 5 - 7o 显示裂纹另一侧远离裂纹区域的金相，图 5 - 7p、q是图 5 - 7o 的局部放大。可以看出，有裂纹的区域组织不均匀。

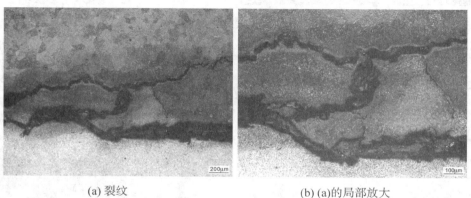

(a) 裂纹 (b) (a)的局部放大

图 5 - 7 基体试样下表面的金相试样的腐蚀态金相照片

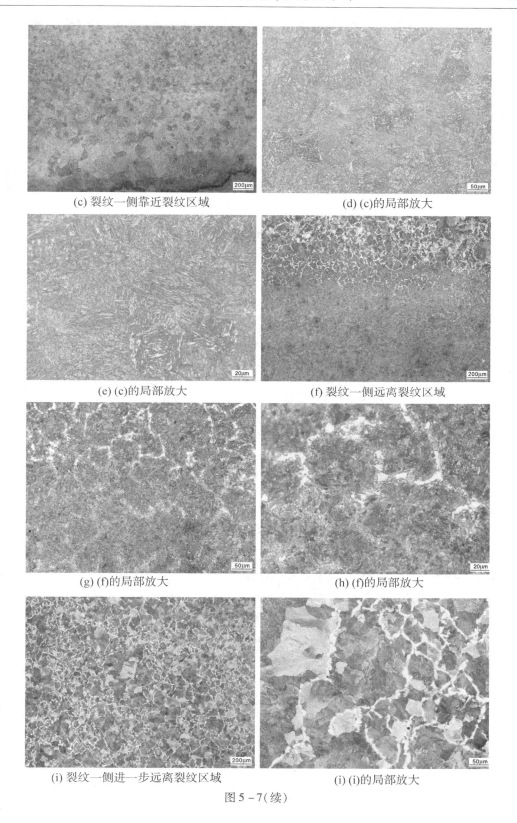

(c) 裂纹一侧靠近裂纹区域

(d) (c)的局部放大

(e) (c)的局部放大

(f) 裂纹一侧远离裂纹区域

(g) (f)的局部放大

(h) (f)的局部放大

(i) 裂纹一侧进一步远离裂纹区域

(i) (i)的局部放大

图 5 - 7(续)

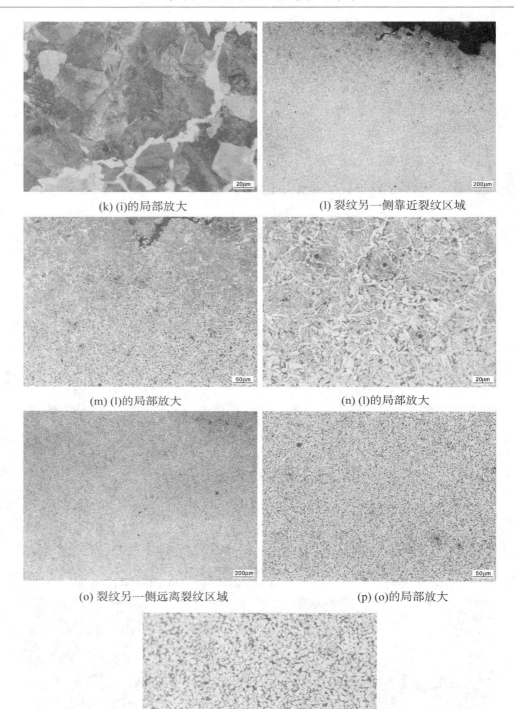

(k) (i)的局部放大

(l) 裂纹另一侧靠近裂纹区域

(m) (l)的局部放大

(n) (l)的局部放大

(o) 裂纹另一侧远离裂纹区域

(p) (o)的局部放大

(q) (o)的局部放大

图 5 – 7(续)

5. 送检样品表面的 SEM 分析

表面试样和截面试样经物理方法反复清洗后，在配有能谱仪的荷兰 Quanta 200 型环境扫描电子显微镜上观察其形貌。

图 5-8 所示为表面试样上裂纹的 SEM 照片。可见，表面上的裂纹基本上相互平行，裂纹尾端尖细，裂纹刚直，属穿晶开裂。

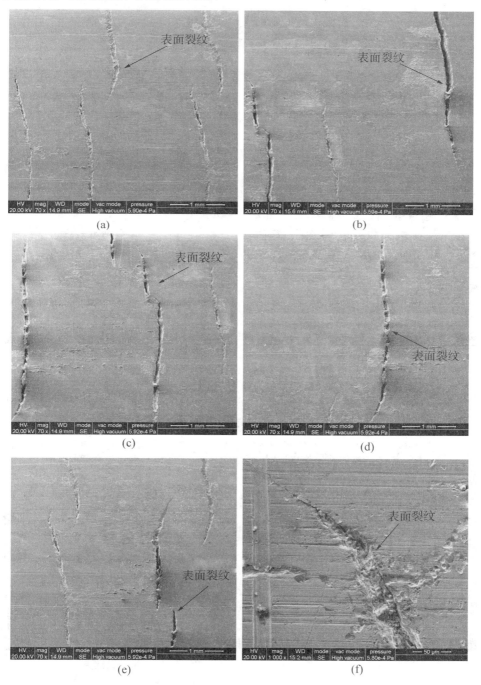

图 5-8 表面试样上裂纹的 SEM 照片

图 5 - 8(续)

图 5 - 9 所示为表面试样上磨擦划痕的 SEM 照片，可见磨擦划痕的方向与裂纹的扩展方向相互垂直。

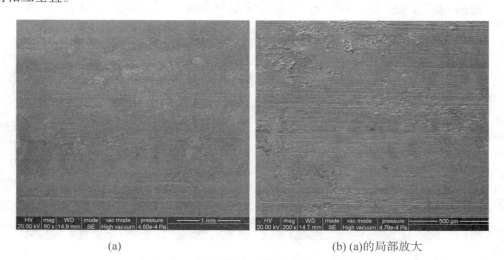

图 5 - 9　表面试样上磨擦划痕的 SEM 照片

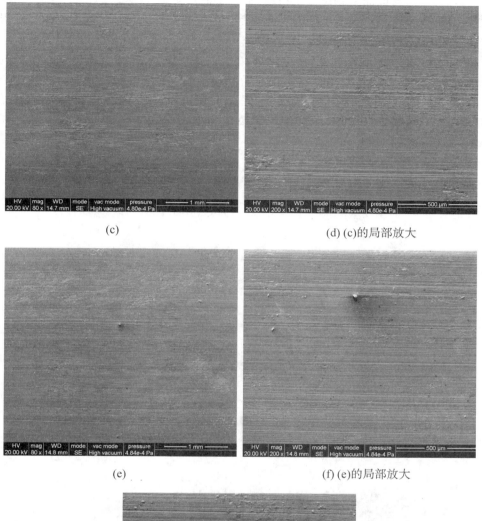

(c)   (d) (c)的局部放大

(e)   (f) (e)的局部放大

(g) (f)的局部放大

图 5 - 9(续)

　　图5-10所示为截面金相试样上裂纹的SEM照片。图5-10a、b显示截面试样上的4条裂纹，图5-10c显示截面试样的表面和基体组织有差异，这在金相检查中已经得到证实。图5-10d显示裂纹1的形貌，图5-10e、f、g、h、i是图5-10d的局部放大。可以看出，裂纹起始端呈喇叭状开口，尾端尖细。图5-10j显示裂纹l向基体内部扩展的深度约为1.62mm。图5-10k、l、m、n 、o、p分别显示裂纹2的形貌和深度。图5-10q、r、s、t、u、v分别显示裂纹3的形貌和深度。图5-10w、x、y、z、z1、z2分别显示裂纹4的形貌和深度。裂纹2、3和4的形貌与裂纹1相似，向基体内部扩展的深度分别约为1.70mm、1.13mm和1.73mm。

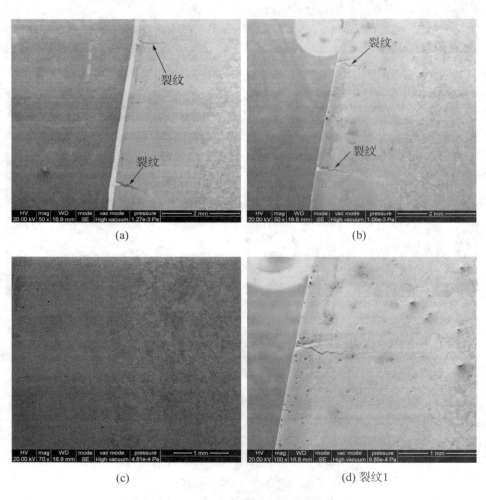

(a)

(b)

(c)

(d) 裂纹1

图5-10　截面金相试样上裂纹的SEM照片

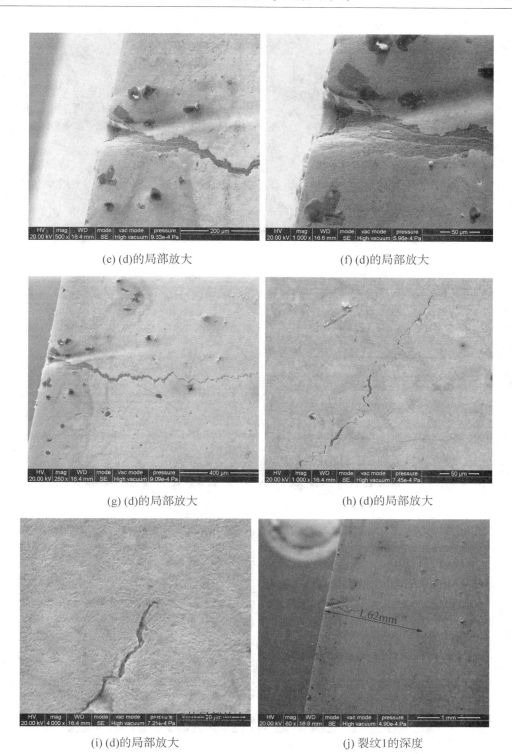

(e) (d)的局部放大 　　　　　　　　　(f) (d)的局部放大

(g) (d)的局部放大 　　　　　　　　　(h) (d)的局部放大

(i) (d)的局部放大 　　　　　　　　　(j) 裂纹1的深度

图 5 - 10(续)

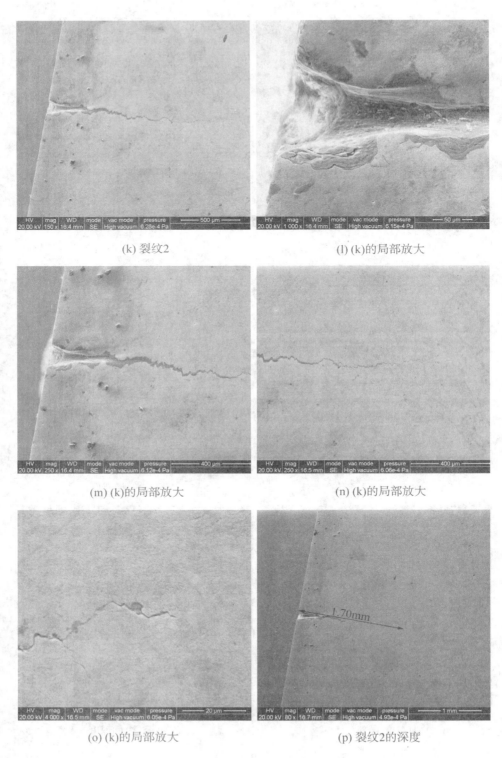

(k) 裂纹2　　　　　　　　　(l) (k)的局部放大

(m) (k)的局部放大　　　　　　　(n) (k)的局部放大

(o) (k)的局部放大　　　　　　　(p) 裂纹2的深度

图 5 – 10(续)

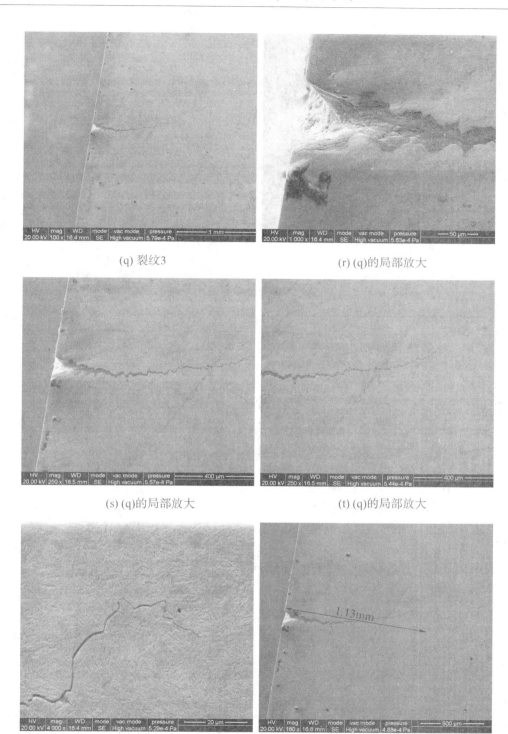

(q) 裂纹3

(r) (q)的局部放大

(s) (q)的局部放大

(t) (q)的局部放大

(u) (q)的局部放大

(v) 裂纹3的深度

图 5 – 10(续)

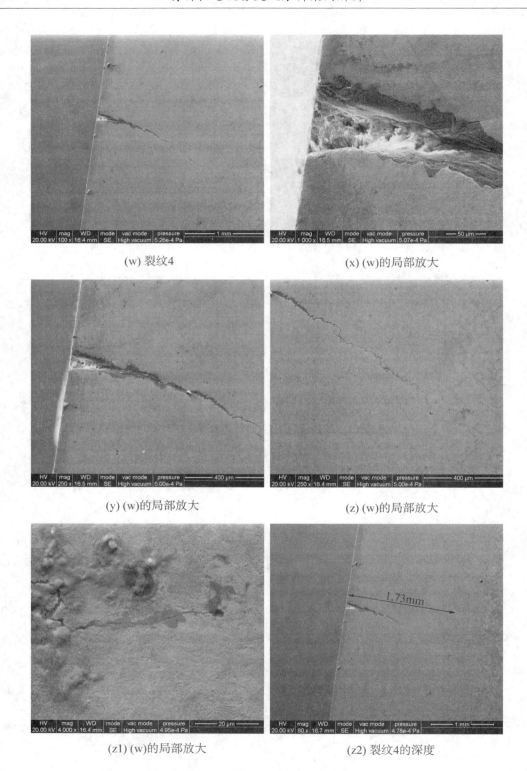

(w) 裂纹4　　　　　　　　　　　　　　(x) (w)的局部放大

(y) (w)的局部放大　　　　　　　　　　(z) (w)的局部放大

(z1) (w)的局部放大　　　　　　　　　　(z2) 裂纹4的深度

图 5 – 10(续)

6. 能谱分析

图 5 - 11 和图 5 - 12 所示为表面试样上不同区域的能谱分析结果。图 5 - 11a 和图 5 - 12a 所选区域的所有元素相对含量分别见表 5 - 3 和表 5 - 4。可以看出，送检样品表面有氧化。

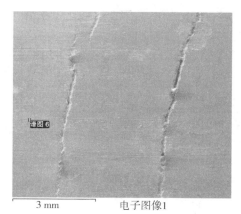 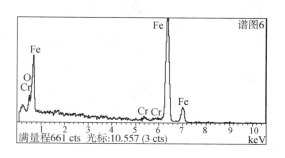

(a) 能谱分析区域的SEM照片　　　　　　　　　　　(b) 能谱结果

图 5 - 11　断口开裂源区的能谱分析结果

表 5 - 3　图 5 - 11a 所选区域的所有元素的相对含量

元素	O	Cr	Fe
相对含量/%	8.09	1.28	90.63

表 5 - 4　图 5 - 12a 所选区域的所有元素的相对含量

元素	Cr	Fe
相对含量/%	1.20	98.80

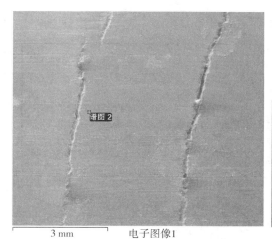 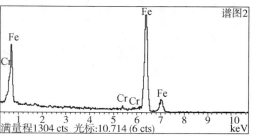

(a) 能谱分析区域的SEM照片　　　　　　　　　　　(b) 能谱结果

图 5 - 12　断口开裂源区的能谱分析结果

图 5 - 13 ～图 5 - 16 所示为截面试样上不同区域的能谱分析结果。图5 - 13a、图 5 - 14a、图 5 - 15a 和图 5 - 16a 所选区域的所有元素相对含量分别见表 5 - 5、表 5 - 6、表

5-7 和表 5-8。可以看出，送检样品的材料化学成分均匀。

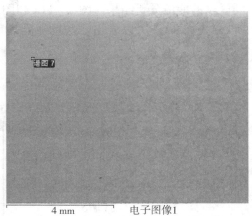
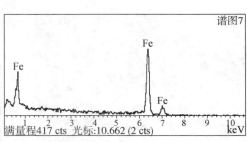

(a) 能谱分析区域的SEM照片　　　　　　　　　　(b) 能谱结果

图 5-13　断口开裂源区的能谱分析结果

表 5-5　图 5-13a 所选区域的所有元素的相对含量

元素	Fe
相对含量/%	100.00

表 5-6　图 5-14a 所选区域的所有元素的相对含量

元素	Fe
相对含量/%	100.00

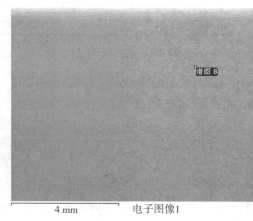
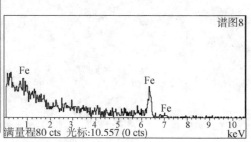

(a) 能谱分析区域的SEM照片　　　　　　　　　　(b) 能谱结果

图 5-14　断口开裂源区的能谱分析结果

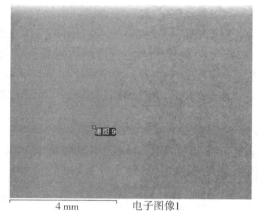

4 mm　　　电子图像1

(a) 能谱分析区域的SEM照片

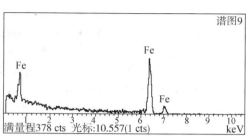

(b) 能谱结果

图 5 - 15　断口开裂源区的能谱分析结果

表 5 - 7　图 5 -15a 所选区域的所有元素的相对含量

元素	Fe
相对含量/%	100.00

表 5 - 8　图 5 -16a 所选区域的所有元素的相对含量

元素	Fe
相对含量/%	100.00

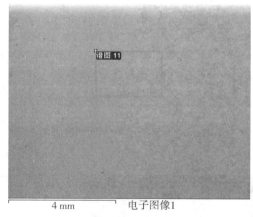

4 mm　　　电子图像1

(a) 能谱分析区域的SEM照片

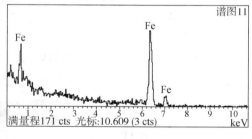

(b) 能谱结果

图 5 - 16　断口开裂源区的能谱分析结果

7. 分析与讨论

(1)宏观检查结果显示,送检样品的表面有多段细小、长短不一、相互平行的裂纹,且裂纹扩展方向与制动轮的周向相一致。送检样品的表面还有很多磨擦划痕,磨擦划痕方向与制动轮轴向相一致。在送检样品表面未见龟裂。

(2)化学成分检测结果显示,按现行产品标准,送检样品材料化学成分均符合JB/T 6402—1992标准中 ZG40Cr1 的标准成分要求。

(3)硬度检测结果显示,送检样品不同区域的显微硬度值相差较大,表面区域的显微硬度值基本上是基体内部的两倍左右。

（4）金相检测结果显示，送检样品截面不同区域的夹杂物含量不同，基体内部的夹杂物含量稍多，不同区域的组织差异也较大。表面附近的显微组织为保持马氏体位向分布的回火索氏体，基体的显微组织为珠光体＋网状分布的铁素体＋少量的魏氏体。裂纹起始于表面，呈穿晶型向基体内部扩展。裂纹前端宽，尾端尖细。在基体内部也存在大的孔洞和裂纹等缺陷，有裂纹的区域组织不均匀。

（5）SEM和能谱分析表明，表面上的裂纹刚直，基本上相互平行，裂纹尾端尖细。表面上磨擦划痕的方向与裂纹的扩展方向相互垂直。截面试样上裂纹起始端呈喇叭状开口，尾端尖细。截面试样上4条裂纹向基体内部扩展的深度分别约为1.62 mm、1.70 mm、1.13 mm和1.73 mm，均不超过2.00 mm。

（6）基体内部出现的孔洞和裂纹是材料在铸造过程中形成的缺陷。而表面上的裂纹是刹车过程中由于应力作用产生的，因为门吊制动轮在正常工作状态由于摩擦会产生热量，轮子表面经过"淬火＋回火"，使得表面的组织与基体组织有差异。

8. 结论

上述综合分析表明，尽管送检的门吊制动轮的材料化学成分合格，但材料内部有铸造缺陷（如收缩孔洞和裂纹），只不过这种缺陷不会引起表面的裂纹。门吊制动轮表面上的裂纹是刹车过程中由于应力作用产生的，这种裂纹的深度相对于整个构件而言是很小的，不影响门吊制动轮的正常使用。如果门吊制动轮表面未见肉眼可见的龟裂和剥落，在这种情况下门吊制动轮还可以使用相当长一段时间。

5.2.2　起重机车轮轮轴断裂失效分析

1. 事故基本情况

2011年，广州市某造船厂600 t龙门起重机有一个车轮轮轴发生断裂事故。断裂车轮是从动轮，材料为42CrMo，断裂时起重机在无载运行中。该起重机总重约4755 t，共有96个车轮。

车轮轴直径为150 mm，装配轴的轴颈直径为140 mm，断裂部位位于轴肩处，发生断裂的车轮轴外观形貌如图5-17所示。

图5-17　断裂车轮轴外观形貌

2. 断裂分析

1）断口宏观分析

车轮轴断口疲劳特征都很明显，包括疲劳源、裂纹扩展区、最终断裂区。图 5-18a 所示为断裂车轮轴断口的宏观形貌，根据宏观疲劳断口特征可以判断裂纹起源位于轴肩变截面过渡 R 圆弧处，属多源疲劳，如图 5-18a 中 A 箭头所指，B 区域较为光滑平坦，是疲劳裂纹的扩展区域，C 区域是车轮轴的最终断裂区。

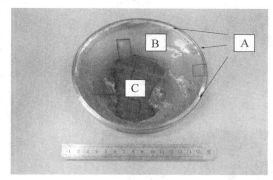

(a) 断裂车轮轴断口宏观形貌

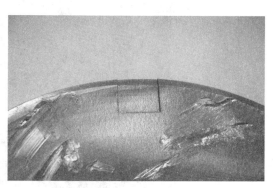

(b) 疲劳源局部图像

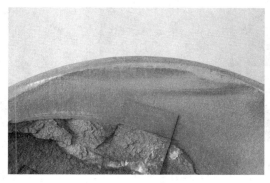

(c) 裂纹扩展区局部图像

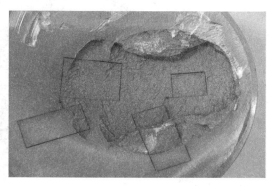

(d) 最终断裂区图像

图 5-18　断裂车轮轴断口及其疲劳特征

图 5-18b、c、d 显示了断口的疲劳特征，裂纹起源于多点。图 5-19 中箭头所指起始裂纹与机加工车刀痕有关，裂纹起源于轴肩圆周。在设计上车轮截面变化有 R 圆弧过渡，根据断口观察，未见有圆弧过渡，因此在截面突变处具有缺口效应，必引起应力集中，这是其一；其二是机加工车刀痕，车刀痕也具有尖锐缺口效应，刀痕越粗糙，缺口效应越大。上述两种缺口效应叠加在一起，使其在截面突变处的应力集中加剧，应力集中促进截面突变处微小裂纹或材料缺陷成为疲劳源头扩展。

图 5-20 所示为近断口轴向低倍组织，有很清晰的横向裂纹和纵向裂纹存在，并且可以看出近表面分三层组织，即最外层、次表层、基体。图 5-21a 和 b 显示的金相组织为图5-20 所示的组织，可以观察到轴向裂纹具有沿晶断裂的特征，横向裂纹具有沿晶和穿晶特征。

图 5 – 19　疲劳源缺口部位(100 ×)

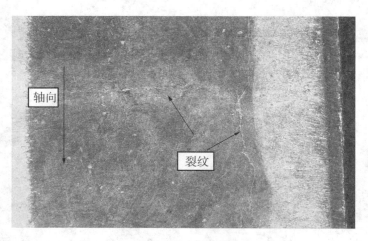

图 5 – 20　近断口轴向低倍组织(100 ×)

在图 5 – 21 中显示车轮轴最外面具有一层柱状晶组织，厚度约为 1mm；次表层组织为马氏体组织，沿着轴向往里晶粒由粗变细。横向裂纹起源于粗大的马氏体晶界，可能由于马氏体晶粒粗大，晶界弱化导致裂纹产生；纵向裂纹穿过马氏体直达基体组织。

图 5 – 21　近断口轴向金相组织(50 ×)

经过浓度为50%盐酸与水在1∶1比例下保持70℃加热15分钟，可以清晰地观察到在车轮轴近表面存在裂纹，如图5-22所示。

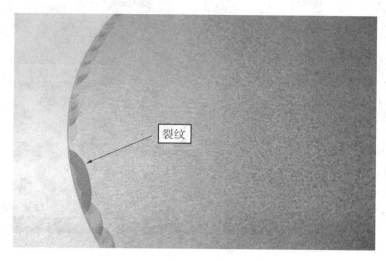

图5-22　近断口横向侵蚀形貌

2）断口微观分析

断口疲劳区微观分析的主要内容是疲劳辉纹。典型的疲劳宏观断口如图5-18所示，图5-23、图5-24显示的是疲劳断口的微观特征，从宏观到微观，可确认断口为疲劳断裂。

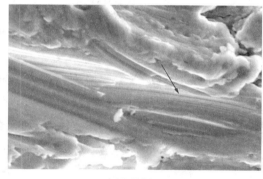

(a) 5000×

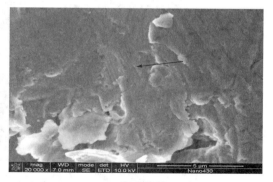

(b) 20000×

图5-23　断口的微观形貌

在疲劳源区，通过微观组织分析可以看到，机械加工痕迹明显，并且深入基体组织（见图5-24），在外界交变载荷作用下，作为疲劳裂纹的源头扩展。金相组织显示车轮轴壁四周存有熔覆层金属（见图5-23），通过扫描电镜，显示在断口边缘存在过渡层组织，较为疏松。

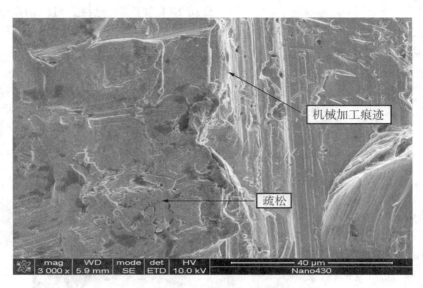

图 5 - 24　疲劳源显微组织形貌（3000 ×）

　　另外，通过扫描电子显微镜观察，在疲劳源区和最终断裂区发现大量的二次裂纹存在，具有沿晶断裂特征，且主裂纹也具有沿晶断裂特征（见图 5 - 25）。在最终断裂区，显微组织形貌为准解理特征（见图 5 - 26）。

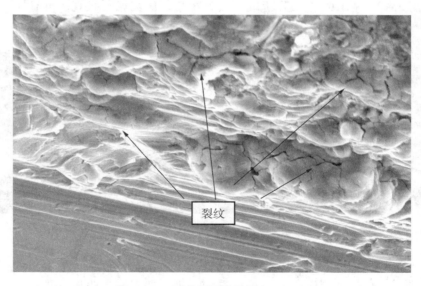

图 5 - 25　裂纹源显微组织（1500 ×）

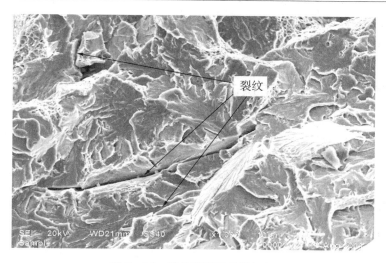

图 5 - 26 最终断裂区显微组织

3. 化学成分分析

对车轮轴近断口部位接近 1/4 直径处取样，做化学成分分析，并将结果对比《GB/T 3077—1999 合金结构钢》中对 42CrMo 钢的成分要求，结果如表 5 - 9 所示。可见，化学成分测试结果符合标准要求。

表 5 - 9 化学成分分析结果(%)

化学元素	C	Si	Mn	Cr	Mo
标准要求	0.38 ~ 0.45	0.17 ~ 0.37	0.50 ~ 0.80	0.90 ~ 1.20	0.15 ~ 0.25
第一次测试	0.395	0.281	0.675	1.03	0.170
第二次测试	0.396	0.280	0.668	1.02	0.165
第三次测试	0.387	0.285	0.672	1.02	0.175
平均值	0.393	0.282	0.672	1.02	0.170

4. 力学性能分析

按照《GB/T 228—2010 金属材料拉伸试验第 1 部分：室温试验方法》与《GB/T 229—2007 金属材料夏比摆锤冲击试验方法》对车轮轴分别进行横向与纵向拉伸、冲击试验，并将结果对比《GB/T 3077—1999 合金结构钢》中对 42CrMo 钢的拉伸、冲击性能要求，结果如表 5 - 10、表5 - 11所示。

表 5 - 10 横向试样力学性能测试结果

实验项目	抗拉强度 /MPa	屈服强度 /MPa	断面收缩率 /%	断后伸长率 /%	冲击吸收功 /(J/cm^2)
标准要求	1080	930	45	12	63
第一次测试	915	720	31	14	13.0
第二次测试	920	725	36	14	18.1
第三次测试	905	700	26	12	14.9
平均值	915	710	31	13	15.3

由表5-10可见，横向力学性能测试结果显示抗拉强度、屈服强度、断面收缩率和冲击吸收功均小于标准要求值，尤其是冲击吸收功远小于标准要求。

表5-11　纵向试样力学性能测试结果

实验项目	抗拉强度 /MPa	屈服强度 /MPa	断面收缩率 /%	断后伸长率 /%	冲击吸收功 /(J·cm^{-2})
标准要求	1 080	930	45	12	63
第一次测试	915	715	52	15	25.8
第二次测试	910	715	54	15	28.1
第三次测试	915	715	54	17	23.4
平均值	915	715	53	16	25.8

由表5-11可见，纵向力学性能测试结果显示抗拉强度、屈服强度和冲击吸收功均小于标准要求值。

5. 微观组织分析

对相关金相试样磨面抛光后经硝酸乙醇溶液浸蚀，可见夹杂物，参照《GB/T 10561—2005》标准对相关材料进行冶金质量评定，如图5-27所示；金相试样磨面抛光后经苦味酸+十二烷基苯磺酸钠溶液浸蚀后，可见车轮轴晶粒度大小，如图5-28所示。

从图5-27可见，车轮轴材料(钢)中夹杂物含量较少，晶粒度也较小。

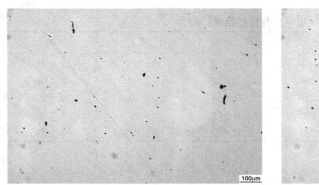

图5-27　基体非金属夹杂物

图5-28　热影响区层晶粒度大小

　　图 5 - 29 所示为车轮轴横向基体低倍组织，组织为回火索氏体 + 回火托氏体。图 5 - 30 所示为横向基体成分不均匀组织。存在回火马氏体组织，可能是由于车轮轴在回火过程中芯部受热不均匀，局部碳含量过高而形成的。图 5 - 31 所示为纵向基体成分偏析组织，为马氏体 + 托氏体 + 回火索氏体组织。图 5 - 32 所示为车轮轴表层熔覆层低倍组织，为针状铁素体 + 珠光体组织。图 5 - 33 所示为次表层热影响区层粗大马氏体低倍组织。图 5 - 34 所示为次表层热影响区层细小马氏体低倍组织。

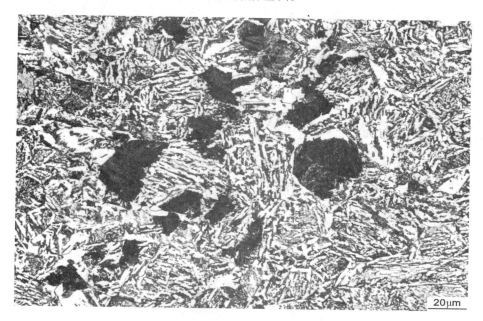

图 5 - 29　横向基体低倍组织

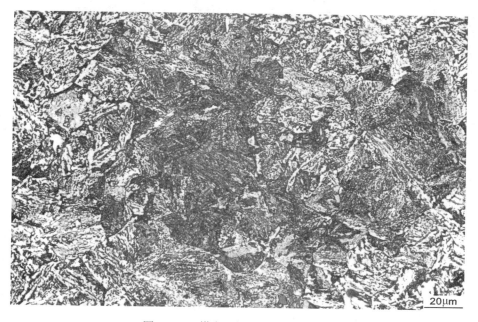

图 5 - 30　横向基体成分不均匀组织

图 5 - 31 　纵向基体成分偏析组织

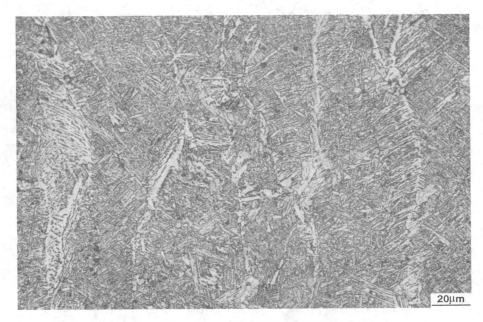

图 5 - 32 　表层熔覆层低倍组织

图 5 - 33　次表层热影响区粗大马氏体低倍组织

图 5 - 34　次表层热影响区细小马氏体低倍组织

6. 硬度检测

根据中国国家标准《GB/T 4340.1—2009》，分别对基体、基体细晶区、表层熔覆层、托氏体、次表层粗大马氏体层、次表层细小马氏体层的不同部位进行小负荷维氏硬度检测，检测载荷为 10g，结果如表 5 - 12 所示。

表 5 – 12　不同组织的显微维氏硬度值（HV0.1）

测试部位	第一次测试	第二次测试	第三次测试	平均值
基体	246	242	248	245
基体细晶区	345	367	337	350
表面熔覆层	270	235	245	250
托氏体	249	266	258	258
次表层粗大马氏体层	287	313	335	312
次表层细小马氏体层	416	455	432	434

由表 5 – 12 可见，表层熔覆层硬度值相比于次表层马氏体硬度值下降很多，次表层热影响区粗大马氏体和细小马氏体也差别很大。在受到较大载荷情况下，粗大马氏体组织容易成为薄弱组织，引起裂纹的产生。

7. 结论

断裂失效发生在车轮轴轴肩部位，性质为疲劳断裂，在断口有明显的疲劳裂纹断裂特征，疲劳源为多点疲劳，原因可能是：

（1）车轮轴轴肩在机械加工过程中由于加工痕迹过深，而且很粗糙，没有圆角过渡，使用中引起很大的应力集中导致疲劳。

（2）加工时在最外层熔覆一层金属导致基体形成热影响区层，其中接近熔覆层组织为粗大马氏体，含有横向和纵向裂纹等再热裂纹，这些裂纹在使用中沿着晶界迅速向基体内部扩展，形成疲劳断裂。

（3）化学成分显示基体组织符合《GB/T 3077—1999 合金结构钢》中对 42CrMo 钢的成分要求，力学性能测试显示拉伸性能和冲击性能低于《GB/T 3077—1999 合金结构钢》中对 42CrMo 钢的要求。

5.2.3　钢丝绳断裂失效分析

事件：2011 年 8 月，额定载荷为 35 t 的流动式起重机在起吊 10 t 架子时，发生钢丝绳断裂事故，造成一人重伤，一人轻伤。钢丝绳规格为 6 × 37 + NF，如图 5 – 35 所示，表面未经镀锌处理。

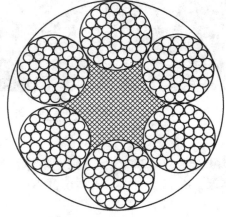

图 5 – 35　断裂钢丝绳

断裂钢丝绳直径为173 mm，每股直径为17.2 mm，单根钢丝直径为0.9 mm，钢芯直径为1mm，实物如图5-36、图5-37所示。

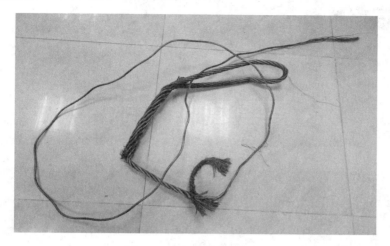

图5-36 钢丝绳实物照片

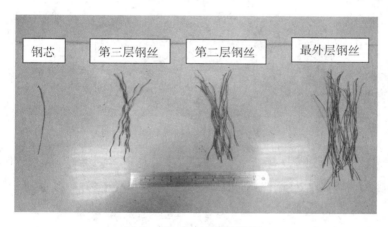

图5-37 钢丝绳拆开图片

1. 断裂分析

1）钢丝绳宏观分析

对钢丝绳进行拆丝、清洗、分股，通过体式显微镜观察钢丝绳断口，发现断口磨损严重，并呈现过热的特征，可判断钢丝绳在摩擦过程中产生了较大的热量，使断口出现过热痕迹，如图5-38a，b，c所示。

在图5-38c中，钢丝绳由于摩擦过度，横截面积变小，不能承受载荷所引起的拉力，发生拉断现象。

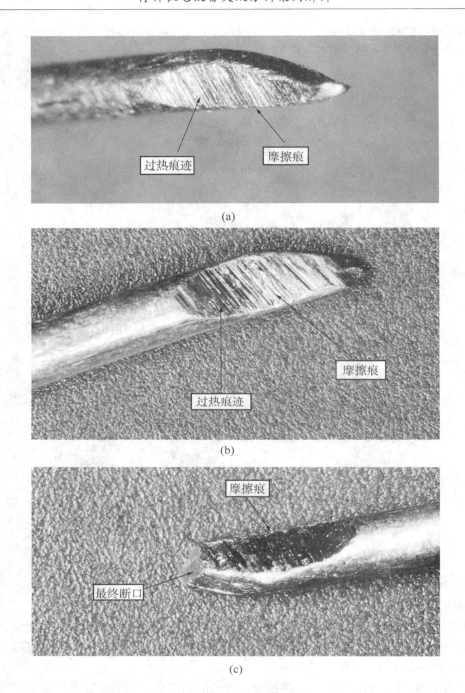

(a)

(b)

(c)

图 5 - 38　断裂钢丝绳宏观照片(50 ×)

2)钢丝绳微观分析

　　磨损断口最重要的特征是摩擦痕迹及由于截面积变小不能承受载荷引起的正断现象。通过电子显微镜分析,图 5 - 39 至图 5 - 41 均是钢丝绳严重磨损的微观照片,图 5 - 42 所示为拉断断口。从宏观到微观,可以判断钢丝绳为严重磨损,致使截面积变小,不能承受载荷所引起的拉力，从而发生断裂。

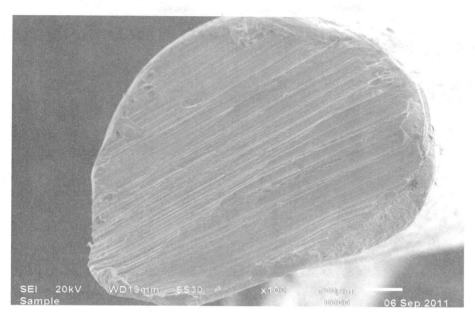

图 5 - 39　钢丝绳断口微观形貌（100 ×）

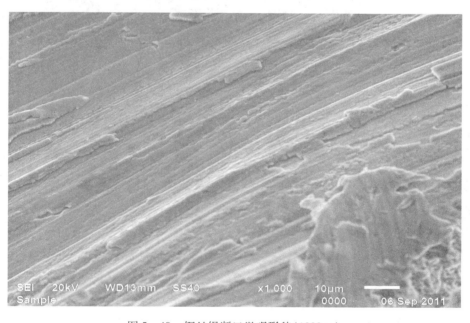

图 5 - 40　钢丝绳断口微观形貌（1000 ×）

图 5 – 41　钢丝绳断口微观形貌(120 ×)

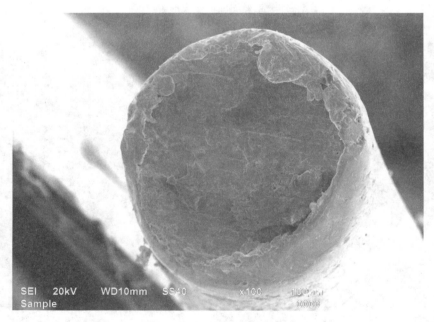

图 5 – 42　钢丝绳断口微观形貌(100 ×)

　　另外，通过扫描电子显微镜观察，在拉断断口发现大量的二次裂纹存在，具有沿晶断裂特征，且主裂纹也具有沿晶断裂特征，可见材料脆性较大，如图 5 – 43 所示。

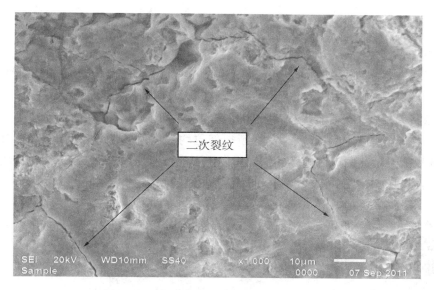

图 5 - 43 钢丝绳断口的二次裂纹(1000 ×)

2. 微观组织分析

从钢丝绳断裂部位截取轴向试样，经镶嵌、磨抛、浸蚀之后置于金相显微镜下观察。其组织被均匀拉长，未见明显的增脱碳现象，近断裂面处与远断裂面处的显微组织基本相同，均为"拉长索氏体＋少量铁素体"组织。

3. 结论

经对断口进行宏观和微观分析，其断裂性质为严重磨损导致的断裂。原因可能是，钢丝绳麻芯缺乏润滑，

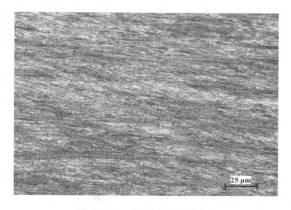

图 5 - 44 钢丝绳金相图片

不能有效地减弱钢丝绳之间的磨损；在起吊载荷时，由于没有有效的润滑，导致钢丝绳严重磨损，并伴随温度升高，致使有效承载面积变小，在剩下的钢丝绳不能承受载荷所引起的拉力时发生断裂。

车轮是起重机大车和小车运行机构的一个重要组成部分，其状态将直接影响到起重机的工作效率。由于车轮在摩擦条件下工作，同时还承受冲击载荷，因此要求车轮表面具有较高的硬度、耐磨性和疲劳强度，芯部还要求具有一定的塑性和韧性。

国内某造船厂一批新安装的电磁桥式起重机在实际使用过程中出现小车轮缘断裂，情况十分普遍，严重影响了工厂正常的工业生产。为了避免生产事故的发生，下面利用理化检验技术对该小车轮缘断裂现象进行深入分析。

5.2.4 起重机车轮失效分析

1. 工程概况

电磁桥式起重机小车车轮的型号为 SL – 600 × 150，属于双轮缘车轮，材料型号为 ZG50SiMn。车轮踏面(如图 5 – 45a 中 2 所示)直径为 600 mm，宽度为 100 mm，轮缘高度为 20 mm(如图 5 – 45a 中 1 所示)。该起重机车轮在使用不到 1 年时间内出现较严重的啃轨现象，并且所有车轮均为内侧啃轨，发生断裂部位均在内侧轮缘根部(如图 5 – 45a 中 3 所示)。现场观测显示，断裂的内侧轮缘向里发生了较大弯曲(如图 5 – 45b 中 4 所示)。经检查，车轮其他部位未出现裂纹、疤痕和气泡等明显的缺陷。

(a) 轮缘断裂后的图片　　　　　　　(b) 断裂后轮缘和车轮配合图片

图 5 – 45　车轮实物照片

2. 车轮断裂部位受力分析

如图 5 – 46 所示，起重机在使用过程中，车轮内侧主要受到三部分的载荷(图中 O 点所示，右侧为其所受力)：外加载荷和起重机自重产生的静载荷 P_G，工作时产生的水平动载荷 P_H，小车在沿轨道运行产生的冲击载荷 P_S。车轮断裂部位的受力状态主要为由于纵向冲击载荷与轨道产生的压应力。

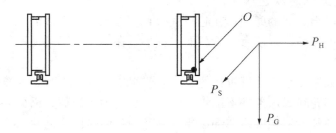

图 5 – 46　起重机车轮受力示意图

3. 车轮材料性能分析

对断裂车轮进行取样，分别进行化学成分分析试验和硬度试验。

1）化学成分分析试验

车轮材料为 ZG50SiMn，参考《YB/T036.3—1992 冶金设备制造通用技术条件铸钢件》中对 ZG50SiMn 化学成分的规定，对断裂车轮基体进行化学分析（电感耦合等离子光谱发生仪，型号为 LCP），其结果见表 5-13。由此可知，车轮基体的化学成分中 S 含量偏高，Si、Mn 含量明显偏低，C 含量满足标准要求。车轮断裂部分经超声波清洗，宏观分析发现断口属于快速裂纹扩展区而非裂纹源区；从断裂的轮缘部分可以看出，在断裂之前车轮发生了较大的塑性变形，这可能是由于 Si、Mn 元素偏低引起车轮强度和硬度过低造成的。

表 5-13　车轮的化学成分分析　　　　　　（%）

SL-600×150		技术要求	试验结果
化学成分	C	0.46～0.54	0.47
	Si	0.80～1.10	0.40
	Mn	0.80～1.10	0.52
	S	≤0.040	0.046
	P	≤0.040	0.033
	Ni	—	0.024
	Cr	—	0.052
	Cu	—	0.046

2）硬度试验

对车轮轮缘断裂部分进行取样，通过硬度试验得到其力学性能的参数。硬度试验结果显示，最高硬度为 HRC23.6，最低硬度为 HRC20.6。根据《JB/T6392.2—1992 起重机车轮技术条件》，起重机轮缘内侧表面的硬度要求为 HB300～380，HRC31.5～40.8，可见其硬度值远未达到标准要求值，初步认定是未采用合理热处理过程。

4. 车轮断口显微组织分析

显微组织分析主要是通过对断裂部分的组织形貌进行分析，包括金相分析和电子显微分析，确定车轮材料对断裂的影响。在轮缘断口附近切取试样，在含有洗涤剂的超声波清洗机中清洗，经干燥、磨光、抛光后用 4% 硝酸酒精溶液进行腐蚀。金相组织依据《GB/T13298—1991 金属显微组织评定方法》采用 DMM-440C 倒置金相显微镜进行观察，显微组织观察依据《GB/T17359—1998 扫描电子显微镜分析方法通则》采用日立 S-3400N 电子显微镜进行观察。

通过金相显微镜观测可以看出其组织由白色铁素体＋黑色珠光体组成，铁素体沿原奥氏体晶界分布，数量相对较少，并且没有发现有粗大的魏氏组织存在。

　　从图5-47中可以看出，基体上分布着较多的气孔和黑色夹杂物，气孔大约为10μm，黑色夹渣大约为2μm，并且在气孔四周有一层白色区域（见图5-48），厚度约为2μm。对气孔进行能谱分析（见图5-49），结果表明气孔周围S含量较多，而且四周的白亮层是脱碳层，证明气孔是在热处理之前形成，属于铸造过程中的缺陷。可见，在其铸造中产生了大量的气孔和夹杂物。基体显微组织为细小的片层状珠光体，间距约为1μm。

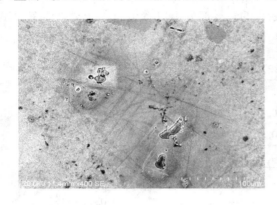

(a) 断裂部分整体形貌　　　　　　　　　(b) 珠光体片层形貌

图5-47　车轮断裂部位的显微组织

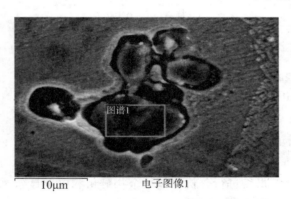

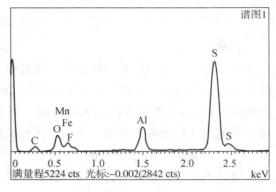

图5-48　气孔的显微组织形貌　　　　　图5-49　EDS能谱分析结果

　　另外，经现场勘查，该造船厂处在潮湿地区，起重机在长时间的起吊过程中，地基会发生下沉，致使轨道间距减小。这时车轮跨度要大于轨道间距，起重机在运行时会发生严重的摩擦导致啃轨，内侧车轮缘受轨道的挤压发生较大的变形，在夹渣、气孔或应力集中等缺陷处产生裂纹，并扩展至最后断裂。

　　5. 结论

　　按照YB/T036.3—1992，发生断裂事故的桥式电磁起重机车轮基本不能达到化学成分指标要求，S含量偏高，Mn、Si含量严重偏低。导致车轮强度和硬度偏低。当地基下沉发生啃轨时，车轮强度不够，产生了明显的塑性变形，在夹渣、气孔等缺陷处产生裂纹，最终导致车轮缘的断裂。

5.2.5　装船机支腿缺陷失效分析

装船机是用于大宗散货(如煤炭、铁矿石等)装船作业的连续式港口运输机械,它与后方的皮带运输机相连。皮带运输机将堆料场的货物运送到装船机上,再通过装船机上皮带运输机输送到臂架头部,经过溜筒等装置输送到船舱中,完成装船作业。装船机因皮带传输连续作业,作业效率高,作业量大,相对适用于大宗散货装船作业。按货物种类可分为煤炭装船机、矿石装船机、散粮装船机等。

装船机主要分为装船机主机及尾车两部分。其中,主机部分直接与货船关联,实现货物从岸边到货船上的装船作业,尾车部分则关联岸边货物与装船机主机部分,通过尾车中的皮带输送,实现货物从取料机械到装船机主机之间的传输作业。装船机主机的主要结构有:大车行走机构、转台、塔架(或 L 架)、主臂架、配重及其他附加设备。其主体金属结构为板件和杆件焊接而成。

下面以装船机支腿开裂为例做失效原因分析。

1. 样机概况

对装船机进行金属结构安全评估。本次评估的装船机额定装船效率为 1000 t/h,尖峰装船效率为 1200 t/h,最大旋转半径为 15 m,运输的散料为煤炭,整机工作级别为 A6。因一直处于潮湿的港口,且经常使用高压水枪冲洗散落在装船机上的煤炭,加快了整机的金属腐蚀速率。

2. 检测结果

金属结构作为装船机的骨架,承受和传递机械装备负担的各种工作载荷、自然载荷以及自重载荷。其工作状态直接关系到整体的工作性能与可靠性。在运用无损检测技术进行检测时,通常第一步使用目视检测方法,它主要用于观察材料、零件、部件、设备和焊接接头等的表面状态、变形等。目视检测能立即得到检测结果,为选择其他的无损检测技术进行下一步详细检测提供依据。

在对该装船机进行目视检测后,发现整机腐蚀严重,且在门架腹板、L 架、主臂架等多处都存在严重的结构变形。在一条支腿与横梁的角焊缝处存在金属结构开裂现象,且存在着严重的金属腐蚀,开裂的裂纹长度约为 500 mm,如图 5 - 50 所示。此裂纹根部有裂纹尖端,表明裂纹还有进一步扩展的可能,如图 5 - 51 所示的横梁下底板裂纹扩展。

图 5 - 50　支腿开裂

图 5 - 51　支腿开裂裂纹扩展

此外，通过测量，门架腹板处存在着严重的变形，如图 5 – 52 所示，变形量达到了 18.5 mm。

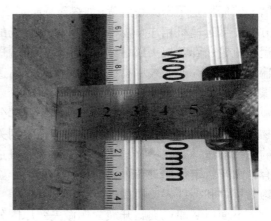

图 5 – 52　门架腹板严重变形示意图　　　　图 5 – 53　门架腹板严重变形放大图

3. 开裂原因分析

结合装船机工作环境及作业特点，分析引起支腿开裂的原因，主要有以下 3 点：

（1）恶劣的工作环境造成了发生开裂的支腿焊缝腐蚀严重。从图 5 – 50 可以看出，因腐蚀造成了焊缝部位的板厚减薄，显著降低了金属结构的刚度。装船机通过皮带运输机连续运输煤炭从臂架头部的溜筒倾泻到船舱中，对整机产生多次冲击，造成疲劳破坏。

（2）装船机在连续运输煤炭时，会进行大车行走、臂架回转和制动等组合操作，造成动作冲击，使扭转力在支腿部位产生了剪切力。

（3）门架等部位的严重变形改变了支腿的受力状况。

这些原因使支腿在交变载荷重复作用下发生金属疲劳，引起开裂发生。

4. 修复方案

从开裂部位割开腹板，更换已经断裂的横梁腹板和下底板，可适当增加板厚，以降低其应力水平，提高其疲劳强度。在箱型梁结构的内部加筋板进行加固处理，同时通过焊接工艺保证不出现会导致应力集中现象的尖角。

5. 应力测试

应力测试是验证起重机金属结构承载能力的最直接、最有效的手段。通过在金属结构危险截面粘贴应变片，应用应变片变形与阻值变化的关系，从而得出金属结构产生的应力与屈服强度的比值，可得出承载能力的结论。

对开裂部位进行修复加固处理，并在此处选择一点布置电阻式传感器，分别在下述两种工况下进行应力测试：

（1）下降悬臂至水平位置，停留一段时间，再将悬臂抬起至初始位置。

（2）调整悬臂至水平位置，开始进行货物连续装船操作。

对这个测点对应的各个测试工况下的数值进行分析，并进行应力 – 应变转换，将所测微应变转成应力值，从而得到各测点对应各工况的应力变化情况。

计算结果显示，工况（1）时，支腿处的应力为拉应力，应力值为 33.29 MPa。工况（2）时，支腿处的应力为拉应力，应力值为 44.67 MPa。图 5 – 54 是工况（2）条件下的应力图，横坐标表示时间，单位为 s；纵坐标表示应力值，单位为 MPa。

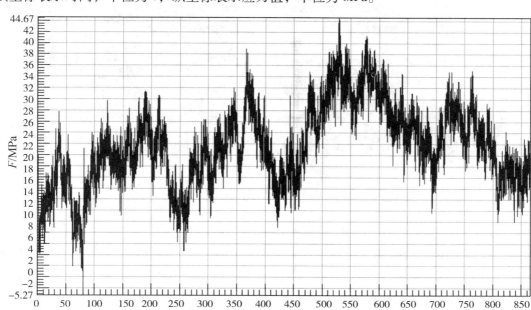

图 5 – 54　工况(2)条件下的应力图

　　修复后的支腿的应力值在两种工况条件下，均未超过本机使用 Q235 材料的许用应力值 175MPa，满足安全使用条件，证明修复方案达到了预期效果。

　　6. 结论

　　通过目视检测，发现装船机一条支腿上存在着一条长约 500mm 的裂纹，且裂纹有进一步扩展的可能性。通过对装船机工作环境及作业特点分析，找出了支腿开裂的原因；并根据工作要求提出了修复方案；最后针对修复后的支腿进行应力测试，得出了修复后的支腿的应力测试值在两种工况条件下均未超过材料的许用应力值，能满足正常生产要求，消除影响设备安全运行的一个重要的安全隐患。

5.2.6　制动轮失效分析

　　制动轮失效主要表现为钢丝绳断裂。钢丝绳断裂原因分析如下。

　　1. 现场勘查及宏观分析

　　现场勘查发现该起重机采用单卷筒双绕钢丝绳结构，卷筒直径为 $\phi 400$mm；吊具共两组动滑轮，每组各三个，滑轮直径为 $\phi 330$mm，滑轮轴直径为 $\phi 107$mm，钢丝绳直径为 $\phi 15.5$mm。

　　根据事故现场复原，钢丝绳断裂部位距起重机上限位较近，断口以上(含卷筒上缠绕的 4 圈)钢丝绳存在严重断丝缺陷，长约 6m，肉眼可见(见图 5 – 55a)，且可观察到钢丝绳上存在明显的滑动摩擦的痕迹；断口以下目测无断丝状况。

　　检查还发现钢丝绳滑轮组防护罩松动，紧固螺栓松动，滑轮与防护罩间隙达 18mm。拆卸滑轮组发现滑轮组的轴衬套上有明显的滑动摩擦的痕迹，如图 5 – 55b 箭头所指。

(a)   (b)

图 5 - 55　钢丝绳断裂现场图片

2. 理化检验

1）化学成分分析

采用 ICP 测试法对断裂钢丝绳进行化学成分分析（见表 5 - 14）。对照实际测试值和《GB/T 699—1999　优质碳素结构钢》的技术要求值，可见该断裂钢丝绳的化学成分符合标准对 65 钢的技术要求。

表 5 - 14　钢丝绳的化学成分　　　　　　　　　　（质量分数,%）

元素	C	Si	Mn	P	S	Cr	Ni	Cu
实测值	0.63	0.24	0.60	0.016	0.0092	0.034	0.008	0.010
标准要求值	0.62～0.70	0.17～0.37	0.35～0.80	≤0.035	≤0.035	≤0.25	≤0.30	≤0.25

2）力学性能测试

钢丝是钢丝绳的基本强度单元。起重钢丝绳的强度一般为 1 400～1 700MPa 本实验在未发生断丝处取样，分别做拉伸、扭转实验和显微硬度测试。结果（见表 5 - 15）表明钢丝绳的力学性能符合《GB/T 20118—2006　一般用途钢丝绳》的技术要求。

表 5 - 15　钢丝绳的力学性能

检验项目	标准要求	1	2	3	平均值
钢丝直径/mm	0.7	0.7	0.7	0.7	0.7
钢丝破断拉力/N	—	616.8	593.9	601.4	604.0
钢丝抗拉强度/MPa	1 570	1 603.5	1 544.0	1 563.5	1 570.3
最大扭转次数	≥26	16.9	16.7	16.6	16.7
显微硬度/HV	—	279	268		

3）金相检验

从钢丝绳断裂部位截取轴向试样，经镶嵌、磨抛、浸蚀之后置于 DMM - 440C 型金相显微镜下观察。其组织被均匀拉长，未见明显的增脱碳现象，近断裂面处与远断裂面处的显微组织基本相同，均为"拉长索氏体＋少量铁素体"组织（见图 5 - 56）。

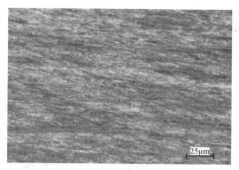

图 5-56 钢丝绳金相图片(轴向)

4)断口分析

将钢丝绳断口切割取样,仔细清洗后置于体视显微镜下观察,挑出特征断口置于
JSM-6510型扫描电子显微镜下观察。断口低倍形貌观察结果表明钢丝绳在断裂前受到严
重磨损和挤压变形(见图5-57)。其中A区域为钢丝绳磨损区域,C区域和D区域为挤压
面,B区域和E区域为钢丝绳最后断裂区或最终断裂面。断口微观形貌观察的特征主要为
斜长韧窝(见图5-58),表明断裂为韧性断裂。

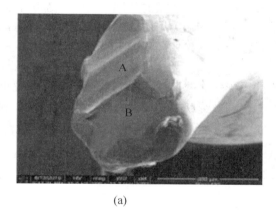

(a)

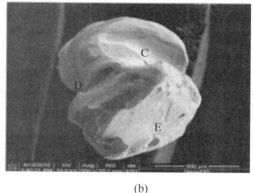

(b)

图 5-57 钢丝绳断口的显微形貌图

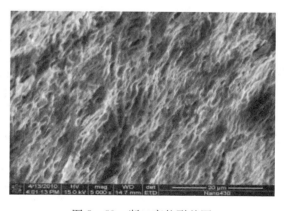

图 5-58 断口高倍形貌图

5）无损探伤

在钢丝绳断口部位截取试样，采用 MD120 型钢丝绳探伤仪进行缺陷探伤检查，依据《起重机安全技术监察规程》和《起重机械用钢丝绳检验和报废实用规范》，未见超标缺陷信号。

3. 综合分析

断裂钢丝绳的化学成分、金相检验和显微硬度测试结果表明该钢丝绳的原材料质量尚好。从钢丝绳断裂的突然性以及宏观和微观形貌所反映的特征看，该钢丝绳断裂性质为严重挤压磨损导致不能承受较大载荷而产生的断裂。

断裂钢丝绳直径为 15.5mm，而吊钩滑轮组滑轮与防护罩间距达 18mm。当吊钩触地松弛时，钢丝绳很容易脱出滑轮槽在轴衬套上滑动运行，这时运行摩擦力远远大于钢丝绳在滑轮槽上运行产生的滚动摩擦力，在载荷作用下，会产生严重的挤压磨损。根据《起重机安全技术监察规程》，在工作级别为 M5 时，钢丝绳直径与滑轮直径之比应为 20；当钢丝绳在轴衬套上运行时，钢丝绳直径与滑轮直径比约为 7，远远小于《起重机安全技术监察规程》的技术要求，钢丝绳产生很大的曲率。由于轴套与钢丝绳直径比过小，压贴在轴套上的钢丝绳沿径向外表面受拉应力，内表面受压应力，应力大小随弯曲的曲率半径减小而迅速增大，当与起重机的载荷应力叠加，在与轴套相互滑动磨损的共同作用下，超出表面钢丝的疲劳强度，令表面钢丝逐渐发生断裂，造成严重断丝（见图 5 – 55b），使钢丝绳截面积不断减小，最终在较大载荷(23t)作用下断裂。

4. 结论

该起升钢丝绳断裂性质为挤压磨损致使不能承受较大载荷而产生的断裂；钢丝绳脱出滑轮槽在轴衬套上运行，产生较大滑动摩擦力，使钢丝绳磨损变形，并在大曲率和较大载荷作用下，加剧磨损并最终在薄弱环节断裂。

6 场（厂）内专用机动车辆典型事故案例分析

《中华人民共和国特种设备安全法》中所指的场（厂）内专用机动车辆，是指除道路交通、农用车辆以外仅在工厂厂区、旅游景区、游乐场所等特定区域使用的专用机动车辆。场（厂）内专用机动车辆（以下简称场车），包括叉车和非公路用旅游观光车。一方面，场车给仓库、码头、旅游景区的生产、游玩等活动带来灵活、高效、方便、快捷；而另一方面，因场车的工作载荷大、频繁加速刹车以及使用时间长等特点，存在机械故障未能及时排除、失效零部件未能进行更换或有效维护的问题，因为机械构件的不安全因素而导致货物倾倒或车辆侧翻等事故的频发，给国家、人民造成经济损失，更给当事人及家属造成痛楚。研究场车的典型故障、分析原因、制定预防措施是减少场车事故的主要措施。为保证场车安全、可靠地运行，对其结构和性能进行优化以提高其安全性与节能性显得尤为紧迫和必要，而弄清场车典型故障的种类、分布是提高其安全性和节能性的前提。因此，对场车的典型失效案例进行分析，并在此基础上对场车事故进行调查研究，具有非常重要的意义。

6.1 场车简介

6.1.1 场车基本结构

场车的结构组成包括动力系统、转向系统、传动系统、行驶系统、制动系统、电气控制系统、工作装置等。其中，转向系统、传动系统、行驶系统和制动系统统称为底盘系统。场车底盘的功用是将动力装置的动力进行适当的转换和传递，以适应场车行驶和作业要求，同时底盘也是整机的基础，供所有机件安装。

1. 动力系统

动力系统采用蓄电池或内燃机。

2. 底盘系统

底盘系统按功能分为以下 4 个系统：

（1）传动系统。基本功用是将动力传递给车轮，分为机械传动、液力机械传动、液压传动和电传动。主要包括离合器、变速器、万向传动装置、主减速器、差速器、半轴等部件。

（2）行驶系统。功用是把来自传动系统的扭矩转化为地面对车辆的牵引力，承受场车所受外界力和力矩，保证场车正常行驶。包括车架、车桥、车轮和轮胎等。

（3）转向系统。功用是改变或恢复场车的行驶方向；由转向操纵机构、转向器、转向传动机构等组成。

（4）制动系统。功用是使行驶中的场车减速并停车，使已停车的场车可靠地停放，同时下长坡时限制车速；由行车制动装置、驻车制动装置、辅助制动装置组成。

3. 电气控制系统

内燃机式场车电气设备一般包括发电机、电压调节器、蓄电池、起动机、开关、仪表和照明装置等；蓄电池式场车电气设备一般包括行走电动机、油泵电动机、控制箱、配电箱、电阻箱、限位开关和蓄电池组等。

4. 工作装置

工作装置又称门架，由内门架、外门架、货叉架、货叉、链轮、链条、起升油缸和倾斜油缸等组成。

6.1.2　叉车

叉车是装有门架系统，能对成件托盘货物进行装卸、堆垛和短距离运输作业的工业机动车辆。叉车广泛应用于港口、车站、机场、货场、工厂车间、仓库、流通中心和配送中心等。叉车可进入船舱、车厢和集装箱内进行托盘货物的装卸、搬运作业，是托盘运输、集装箱运输必不可少的设备。叉车在企业的物流系统中扮演着非常重要的角色，是物料搬运设备中的主力军。

叉车的种类繁多，按不同的分类方法，可分为以下几种。

1. 按动力装置的不同分类

（1）内燃叉车。一般采用柴油、汽油、液化石油气或天然气发动机作为动力。考虑到尾气排放和噪音问题，通常用在室外、车间或其他对尾气排放和噪音没有特殊要求的场所。

（2）电动叉车。以电动机为动力、蓄电池为能源。由于没有污染、噪音小，因此电动叉车广泛应用于室内操作和其他对环境要求较高的场所，如医药、食品等行业。随着人们对环境保护的重视，电动叉车正在逐步取代内燃叉车。

2. 按使用工况的不同分类

（1）普通叉车。指广泛应用于港口、车站、机场、货场、工厂车间、仓库、流通中心和配送中心等的各种叉车。

（2）防爆叉车。采取特殊的防爆技术制造而成，且在使用过程中不至于引起周围爆炸性混合物爆炸的叉车。主要适用于具有潜在危险的石油化工、军工、制药、油漆、气溶胶、化妆品等工业部门以及危险品货站、仓库等含有爆炸性混合物的场所。

（3）越野叉车。又称野战叉车，是在机场、码头、车站等路况条件较差的物资集散地装卸物资的设备。它具有良好的机动性、越野性和可靠性。

3. 按控制方式的不同分类

叉车按控制方式主要可分为座驾式叉车、站驾式叉车、步行式叉车、无人驾驶式叉车。

4. 按结构特点的不同分类

（1）平衡重式叉车（见图6-1）。指具有承载货物（带托盘或不带托盘）的货叉（可用其他装置替换），载荷相对于前轮呈悬臂状态，并且依靠叉车的质量来进行平衡的堆垛用起升车辆。平衡重式叉车按动力不同，分为蓄电池平衡重式叉车和内燃平衡重式叉车。

图 6-1   平衡重式叉车

图 6-2   前移式叉车

（2）前移式叉车（见图 6-2）。指带有外伸支腿、通过门架或货叉架移动进行载荷搬运的堆垛用起升车辆。

（3）插腿式叉车（见图 6-3）。指带有外伸支腿、货叉位于两支腿之间、载荷重心始终位于稳定性好的支承面内的堆垛用起升车辆。

图 6-3   插腿式叉车

图 6-4   托盘堆垛车

（4）托盘堆垛车（见图 6-4）。指货叉位于外伸支腿正上方的堆垛用起升车辆。

（5）侧面式叉车（见图 6-5）。指门架或货叉架位于两车轴之间、可在垂直于车辆的运行方向横向收缩、在车辆的一侧进行堆垛或拆垛作业的起升车辆。

（6）三向堆垛式叉车（见图 6-6）。指能够在车辆的运行前方及任一侧进行堆垛或取货的高起升堆垛车辆。窄通道用三向堆垛式叉车一般是由轨道进行机械引导或由电缆感应引导的。

图 6 - 5　侧面式叉车

图 6 - 6　三向堆垛式叉车

（7）集装箱堆高机（见图 6 - 7）。指装有用于堆垛集装箱（空箱或重箱）吊具的起升车辆。

6.1.3　非公路用旅游观光车

非公路用旅游观光车（简称观光车）是在指定区域内行驶，以电动机、内燃机或二者交替驱动，具有 4 个或 4 个以上车轮的非轨道无架线的 6 座以上（含 6 座）、23 座以下（含 23 座）的非封闭型乘用车辆。该型车是以休闲、观光、游览为主要设计用途，适合在旅游风景区、综合社区、步行街等指定区域运行（见图 6 - 8）。

图 6 - 7　集装箱堆高机

图 6 - 8　非公路用旅游观光车

观光车的种类繁多，按不同的分类方法，可分为以下几种。

1. 按驱动方式分类

（1）纯电动观光车。在行驶过程中所需要的能源来自车上的蓄电池；蓄电池观光车与传统观光车最大的区别在于动力输出部分，用动力型电池、驱动电机代替了汽车的油箱、发动机。

（2）混合动力车。既有电力驱动系统又有发动机驱动系统；车辆驱动系统是由多个能同时运转的单个驱动系统联合组成的，车辆的行驶功率依据实际的车辆行驶状态由单个驱动系统单独提供或由多个驱动系统共同提供。

（3）燃料观光车。燃料以汽油、柴油、液化气或者天然气为原料，车辆采用发动机为动力驱动方案。

2. 按用途分类

观光车按用途主要可分为高尔夫球场、公园景区、游乐园、房地产、度假村、机场、校园、公安及综合治理巡逻、工厂厂区、港口码头、大型展会接待及其他用途的场地用车。

6.1.4　常见失效形式

零部件失去原设计所规定的功能称为失效。失效不仅是指完全丧失原定功能，而且还包括功能降低和有严重损失或隐患、继续使用会失去可靠性和安全性的零部件。场车零部件失效分析，是研究场车零部件丧失其功能的原因、特征和规律；目的在于分析原因，找出责任，提出改进和预防措施，提高场车的可靠性和延长其使用寿命。

按失效模式和失效机理对失效进行分类是研究失效的重要内容。场车零部件按失效模式分类可分为磨损、断裂、腐蚀、变形及老化等五类。一个零部件可能同时存在几种失效模式或失效机理。

1. 磨损失效

零件表面在相互接触的相对运动过程中不断损失的现象称为磨损。磨损失效主要发生在轮胎、制动蹄片、发动机、离合器、变速器、传动轴等位置。对于一个表面的磨损，可能是由于单独的磨损机理造成的，也可能是由于综合的磨损机理造成的。磨损的发生将造成零件形状、尺寸及表面性质的变化，使零件的工作性能逐渐降低。磨损有多种形式，其中常见的有黏着磨损、磨料磨损、疲劳磨损、腐蚀磨损、微动磨损等。

（1）黏着磨损。当构成摩擦副的两个摩擦表面相互接触并发生相对运动时，由于黏着作用，接触表面的材料从一个表面转移到另一个表面所引起的磨损称为黏着磨损。

（2）磨料磨损。当摩擦副的接触表面之间存在着硬质颗粒时，或者当摩擦副材料一方的硬度比另一方的硬度大得多时，产生一种类似金属切削过程的磨损，称为磨料磨损。其特征是在接触面上有明显的切削痕迹。

（3）疲劳磨损。摩擦表面材料微观体积受循环接触应力作用产生重复变形，导致产生裂纹和分离出微片或颗粒，这种现象称为疲劳磨损。

（4）腐蚀磨损。在摩擦过程中，金属同时与周围介质发生化学反应或电化学反应，引起金属表面的腐蚀产物剥落，这种现象称为腐蚀磨损。

（5）微动磨损。两个接触表面由于受相对低振幅振荡运动而产生的磨损称为微动磨损。它产生于相对静止的接合零件上，因而往往易被忽视。

2. 断裂失效

断裂是零部件在机械、热、磁、腐蚀等单独作用或者联合作用下，其本身连续性遭到破坏，发生局部开裂或分裂成几部分的现象。零部件断裂后不仅完全丧失工作能力，而且还可能造成重大的经济损失或伤亡事故。常见的断裂失效包括延性断裂、脆性断裂、疲劳断裂和环境断裂 4 种。

（1）延性断裂。零件在外力作用下首先产生弹性变形，当外力引起的应力超过弹性极限时即发生塑性变形。外力继续增加，应力超过抗拉强度时发生塑性变形而后造成断裂就称为延性断裂。

（2）脆性断裂。金属零件或构件在断裂之前无明显的塑性变形，发展速度极快的一类断裂称为脆性断裂。

（3）疲劳断裂。在重复及交变载荷的长期作用下，即使零部件工作时所承受的应力低于材料的屈服强度或抗拉强度，仍然会发生断裂，这种现象称为疲劳断裂。在场车上，80%～90%的断裂可归结为零件的疲劳断裂。

（4）环境断裂。环境断裂是指材料与某种特殊环境相互作用而引起的具有一定环境特征的断裂方式。环境断裂主要有应力腐蚀断裂、氢脆断裂、高温蠕变、腐蚀疲劳断裂和冷却断裂等。

3. 腐蚀失效

腐蚀是材料表面与服役环境发生物理或化学反应，使材料发生损坏或变质的现象。构件发生的腐蚀使其不能发挥正常的功能则称为腐蚀失效。腐蚀有多种形式，有均匀遍及构件表面的均匀腐蚀和只在局部地方出现的局部腐蚀。局部腐蚀又有点腐蚀、晶间腐蚀、缝隙腐蚀、应力腐蚀开裂、腐蚀疲劳等。按金属与介质作用机理，腐蚀可分为化学腐蚀和电化学腐蚀两大类。

（1）化学腐蚀。金属表面与介质（如气体或非电解质溶液等）因发生化学作用而引起的腐蚀，称作化学腐蚀。化学腐蚀作用进行时没有电流产生。

（2）电化学腐蚀。金属表面在介质如潮湿空气、电解质溶液等中，因形成微电池而发生电化学作用所引起的腐蚀称作电化学腐蚀。电化学腐蚀是金属材料与电解质溶液接触，通过电极反应而产生，是一种氧化还原反应。

4. 变形失效

零件在使用过程中，由于承载或内部应力的作用，使零件的尺寸和形状改变的现象称为变形失效。变形是零件失效的一个重要原因，如曲轴、离合器摩擦片、变速器中间轴与主轴等的变形。根据外力去除后变形能否恢复，零部件的变形可分为弹性变形和塑性变形。

（1）弹性变形。零部件在作用应力小于材料屈服强度时产生的变形称为弹性变形。

（2）塑性变形。零部件在外载荷去除后留下来的一部分不可恢复的变形称为塑性变形或永久变形。

5. 老化失效

橡胶、塑料制品和电子元件等场车用零部件，随着时间的延长，原有的性能会逐渐衰退，这种现象称为老化。这类零部件制品不论工作与否老化现象都会发生。发生老化的原因主要是由于结构或组分内部具有易老化的弱点，如具有不饱和双键、过氧化物、支链、末端上的羟基等。外界或环境因素主要有阳光、氧气、臭氧、热、水、机械应力、高能辐射、电、工业气体、海水、盐雾、霉菌、细菌、昆虫等。

6.2 场车典型失效案例分析

由于场车中绝大部分为叉车,因此本节将重点对叉车的典型失效案例进行分析。

6.2.1 叉车故障规律

我们通过对广州市的各大物流公司的仓库、各港口的货运码头以及各大企业单位的货物仓库进行为期一年的走访调研,实地考察研究了包括美国 Hyster、德国 Linde 和永恒力、日本力至优等在内的电动叉车,以及包括 TOYOTA、NISSAN、TCM、杭叉、大连叉车、安徽叉车等在内的内燃式叉车,基于广州特种机电设备检测研究院的《场(厂)内机动车辆检验原始记录表》所要求的项目对所检验叉车进行研究分析,对叉车在使用过程中主要存在的典型故障类型归纳如下。

6.2.1.1 叉车典型故障类型

通过对比分析,叉车的典型故障类型有:

(1)制动性能故障。在直线加速或急刹车时,出现了以下故障:①点制动跑偏;②后尾翘起;③侧翻;④货架及附属工作装置剧烈振动;⑤手刹或脚刹失效;⑥制动减速度过大;⑦车身剧烈抖动;⑧气压制动系统的气阀磨损漏气导致制动无力。

(2)转向机构故障。在检验过程中,所有叉车实现基本的转向功能都没问题,但转向机构在转向过程中却出现了以下多种问题:①装载货物时车速较快导致车辆易发生侧翻;②电动叉车后轮转向齿轮磨损;③转向节臂或球头销座过度磨损导致出现车体晃动。

(3)轮胎磨损。叉车基本上只在前轮安装刹车装置,从而导致前轮磨损得非常光滑,局部磨损较严重,具体表现为产生大小不一的缺口。

(4)货叉故障。货叉由于不规范操作或长时间使用后,出现了以下故障:①折角部位磨损过量(此为关键故障);②货叉端部磨得过薄;③货叉与叉架连接松动。

6.2.1.2 叉车驱动及故障形式统计

通过对叉车的检验报告进行统计归纳,除去流水号重复或存在争议的个别报告,共统计了914辆叉车。其中年审旧车中,电动正常叉车320辆,内燃正常叉车410辆,电动故障叉车4辆,内燃故障叉车44辆;在验收新车中,电动叉车108辆,内燃叉车30辆。其中,内燃故障叉车的具体典型故障类型是:22辆叉车"在规定车速下点制动有跑偏现象";12辆叉车"驻车制动器即手刹失效";10辆叉车"液力传动车辆不处于空挡位置时,也能启动发动机";2辆叉车"后转向轮胎磨损超标";2辆叉车"链条松动"。4辆电动故障叉车的典型故障均为"左前轮制动失效导致直线加速急制动跑偏"。

以上统计结果中,由于有的叉车同时出现多个故障,因此累积的故障车辆数目大于48辆;虽然没对前轮的磨损故障进行统计,但其问题比较严重且关键,故也作为重点分析对象;同理,货叉的过度磨损没进行统计但需重点考虑;叉车其他一般问题(如灯光、喇叭、挡泥板或操作不规范等)在此不作为典型故障类型进行分析。

　　由所统计的结果可知，在年审旧车中，电动车辆所占比例是41.6%，发生故障概率是1.3%；内燃车辆所占比例是58.4%，发生故障概率是10.7%。在验收新车中，电动车辆所占比例是78.3%，内燃车辆所占比例是21.7%。发生典型故障的车辆中，点制动跑偏故障所占比例是45.8%，手刹失效的比例是25%，空挡打火故障的比例是20.8%，后转向轮磨损过量与链条松动故障的比例均是4.2%。图6-9为典型故障分布图。

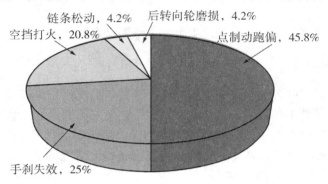

图6-9　典型故障分布图

6.2.2　制动故障及其原因分析

　　叉车大多采用前轮驱动制动、后轮转向的形式，而货叉装载货物使得前轮载荷变大，同时叉车在实际使用中频繁加速和刹车，所以对叉车的制动系统性能要求较高，同时也导致制动系统容易出现严重故障。

6.2.2.1　失效模式

　　叉车的制动性能失效模式有点制动跑偏、后尾翘起、侧翻、货架及附属工作装置剧烈振动、手刹或脚刹失效、制动减速度过大、车身剧烈抖动、制动无力等。某内燃式叉车的手刹机构完全松动坏掉，如图6-10所示。

图6-10　某内燃式叉车手刹失效

图6-11　某电动叉车刹车系统

图 6－11 所示为某电动叉车刹车系统。该刹车系统中的电机刹车盘有明显的刮痕，并且转向齿轮有较严重的磨损现象。

6.2.2.2　失效原因

叉车前轮制动性能失效的原因是设计、加工、组装、使用、维护和外界环境等多方面因素综合作用的结果，其中又以设计、加工、使用、维护和外界环境为主。总结其主要原因如下：①前轮胎磨得非常光滑导致附着力不足；②货叉装载货物时前后载荷分布不合理，导致容易翻车；③左右轮胎磨损不均，导致左右轮的制动力相差较大，同时由于货物的装载使得车辆重心升高，容易产生侧翻力矩；④大型叉车由于货架或属具质量大，制动减速度大，导致制动系统容易产生剧烈的金属碰撞；⑤手刹的调紧螺母松动导致手刹无力或手刹结构整个松动坏掉；⑥气压制动系统中气阀的磨损间隙大，出现漏气导致制动无力；⑦侧面式叉车由于在设计上的结构特点，导致即使是出厂的新车，其直线加速也会出现跑偏问题。

6.2.2.3　制动故障解决措施

针对叉车制动系统存在的故障，主要有以下解决措施：

(1)确保叉车在作业运行过程中载货重量不超过额定载重量，从而降低制动系统的负荷，确保制动系稳定可靠。

(2)定时对轮胎进行保养维护，必要时进行更换，确保轮胎具备足够的抓地能力。

(3)对大型叉车的货架与附属工作装置之间的安装间隙取几个点垫上橡胶，起到缓冲的作用，从而降低货物的冲击效应，同时还可起到降噪的作用。

(4)定期对手刹的调紧螺母进行调紧，确保手刹安装牢固可靠，必要时更换手刹，从而保证手刹能稳定可靠地制动。

(5)对于侧面式叉车，需要安装力分配器，才能保证直线加速制动不跑偏。

(6)对于气压制动系统的气阀，需加强润滑密封，防止漏气导致制动无力。

6.2.3　转向机构故障及其原因分析

6.2.3.1　故障描述

叉车实现基本的转向功能大多没有问题，但转向机构及转向过程中主要存在以下几种问题：①装载货物时车速稍快容易导致车辆发生侧翻；②电动叉车后轮转向齿轮易发生磨损；③转向节臂或球头销座过度磨损导致叉车出现晃动。

6.2.3.2　故障分析

图 6－12 为某侧面式叉车后左右轮转向机构图。在左右转动方向盘时，如图所标记的左右轮的转向球头销出现了非常明显的晃动，原因是球头与球座严重磨损，导致配合间隙超过标准值。由于侧面式叉车转向系统的负荷比其他普通叉车重许多，因此更容易出现转向球头销晃动的现象。

(a) 后左轮　　　　　　　　　　　　　　　　　(b) 后右轮

图 6 – 12　某侧面式叉车后左右轮转向机构

　　图 6 – 13 为某大型带属具柴油叉车后转向机构严重磨损图。在如图所标记的部位出现了大量磨屑，这样会导致摩擦力增大，从而进一步增加磨损量。为了缓解磨损，使用单位在该部位施加了大量黄油。

图 6 – 13　某大型带属具柴油叉车后转向机构严重磨损　　　图 6 – 14　某柴油平衡重式叉车后轮
　　　　　　　　　　　　　　　　　　　　　　　　　　　　　　转向机构油缸泄漏

　　图 6 – 14 为某柴油平衡重式叉车后轮转向机构油缸泄漏图。由于该转向油缸泄漏，易导致转向无力、转向迟缓等故障。

6.2.3.3　解决措施

　　针对叉车转向机构存在的故障，主要有以下解决措施：

　　(1) 内燃式叉车工作环境恶劣，需经常对转向机构的摩擦副进行润滑保养，同时及时清理已有的磨屑，确保转向性能。

　　(2) 对于球头销座，需定期做好保养，保证润滑性能，并定时观察检测其是否出现晃动。当出现球头与球座由于磨损过度导致配合间隙过大的故障时，需进行更换。

　　(3) 在日常使用操作中，应尽量避免把方向盘打到底的情况，否则会引起转向机构的剧烈振动，加快构件的损伤。

6.2.4　轮胎磨损故障及其原因分析

轮胎的正常使用与否,直接关系到车辆的行驶性能、制动性能及侧翻事故的发生概率,因此有必要对叉车的轮胎特别是前轮进行研究分析。

6.2.4.1　故障分析

图6-15为某内燃柴油叉车前左右轮磨损图。由图可知,两个前轮表面均磨损得非常光滑,轮胎边缘磨损严重,局部出现大缺口;右前轮制动无地面印迹,由此可判定右前轮制动失效。造成该叉车的前轮磨损严重的原因主要有:①叉架与货物位于叉车前端,使得其前端载荷较大,车辆重心偏向前轮;②前轮有制动器,后轮仅作转向轮,无制动,故整辆叉车的制动性能全由前轮的制动来实现,从而导致前轮的磨损更严重;③重荷下频繁刹车与起步,易对前轮造成疲劳性损伤;④场内的日常管理及对叉车轮胎的保养不够完善。

(a) 左轮　　　　　　　　　　　　　　(b) 右轮

图6-15　某内燃柴油叉车前左右轮磨损图

图6-16为某叉车前后轮胎磨损量对比图。对比图6-16a、b可发现,前轮胎局部磨损量较大(如图6-16a中圆圈所标记)而后轮胎基本没有磨损,条纹沟槽满足标准要求。图6-17为前移式电动叉车前后实心轮胎磨损量对比图。其前轮磨损量明显大于后轮。以上的前后轮胎磨损量有差异的现象在吨位越大的大型叉车中表现更明显,这是现阶段叉车普遍存在的一个问题。

(a) 前轮　　　　　　　　　　　　　　(a) 后轮

图6-16　某叉车前后轮胎磨损量对比图

(a) 前轮　　　　　　　　　　　　　　　(b) 后轮

图 6 – 17　前移式电动叉车前后实心轮胎磨损量对比图

6.2.4.2　解决措施

针对轮胎磨损故障，主要有以下几种解决措施：

（1）对于充气轮胎，应调节适当的胎压，避免叉车在充气不足或过量的情况下作业。

（2）从成本及效果出发，前轮胎可以采用质量较好的材料，后轮胎则可采用较普通的材料，以确保前后轮胎磨损同步。

（3）定时对轮胎做检测，并进行保养，如有必要应及时更换新轮胎。

（4）在故障统计中，有多个案例是左前轮制动失效，因此可以考虑适当调整下叉车的前端左右载荷分配比例，使得左右轮胎磨损均匀，以确保制动力均匀。

6.2.5　货叉故障及其原因分析

货叉在使用过程中经常由于驾驶员操作不规范而贴地行驶，或者由于使用时间较长导致货叉的折角部位或前端磨削严重，同时，使用过程中的振动使得货叉与货架的连接处出现松动。以上几种问题都使叉车产生巨大的安全隐患。

6.2.5.1　故障分析

货叉在工作过程中由于振动可能会出现松动而不易被发觉，这在装卸货物或行驶过程具有极大的安全隐患，可能导致货物倾倒，进而伤及人员。图 6 – 18 所示为货叉松动，由于松动，导致货叉已不再与车体垂直，这样会降低装载货物时的稳定性。

图 6 – 18　货叉松动

　　货叉锁紧机构如图6-19所示，它将货叉与叉架通过两个铆钉进行锁紧固定。货叉在作业过程中经常产生振动，使得铆钉与凹槽之间容易产生松动，从而使得货叉出现左右晃动、上下微动的故障，进而出现作业定位精度不高、效率低及货物倾翻等问题。同时，叉架与车体本身也会出现松动，有些使用方为了方便，直接用绑的方法把两者固定在一起，如图6-20所示。这种方法非常不可靠且不规范，正确的方法应是采用原设计固定方法进行固定，如采用螺栓连接、铆接、焊接等方法进行可靠固定，确保不发生松动。

图6-19　货叉锁紧机构

图6-20　不规范操作

6.2.5.2　解决措施

　　针对货叉存在的故障，主要有以下解决措施：

　　(1)对货叉松动的问题，要从其连接的结构上进行优化设计，才能从根本上解决该故障。

（2）做好预防措施，即叉车在使用一段时间后，应定期对其货叉进行检查，确定不存在松动问题，或者在每次作业前都检查一遍。

6.2.6　其他常见故障及其原因分析

6.2.6.1　电动车急停开关故障

电动叉车经常出现的问题是电动急停开关失效。其主要原因是，现有电动叉车的可持续工作时间大约是 4h，而充电时间为 5 ～ 6 h，使用单位为了保证连续作业，提高效率，会有备用蓄电池进行替换。蓄电池重约 1t，需要用叉车进行更换。在更换蓄电池的过程中，经常由于定位不准，导致蓄电池摇晃碰到急停开关，从而撞坏急停开关。图 6 - 21 所示为电动叉车蓄电池更换过程。

备用蓄电池组充电

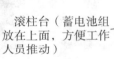
(a) 步骤1

叉车吊起蓄电池组移动，此过程最容易造成急停开关的损坏

滚柱台（蓄电池组放在上面，方便工作人员推动）

(b) 步骤2

操作人员对蓄电池组进行定位安装

(c) 步骤3

图 6 - 21　电动叉车蓄电池更换过程

6.2.6.2　车身结构裂纹

叉车车身结构出现裂纹，将会给叉车运行带来极大的安全隐患。在装载货物时突然加速或急刹产生的振动都可能使其断裂，从而引发严重事故。图 6 - 22 所示为某驾驶室机架裂纹，该裂纹可能是车辆发生侧翻或其他碰撞导致的。

6.2.6.3　操控台松动

当叉车使用时间较长时，易出现操控台松动的现象，从而导致操作不平稳，当直线加速或急刹时，整个方向盘甚至完全脱离操控台，如图6-23所示。故障的原因主要是加速或急刹时加速度过大和螺纹磨牙问题(图中小圆圈所标识)。为防止操控台出现松动，需经常检查连接螺钉的锁紧情况，如有必要，可更换连接螺钉进行锁紧；而当整个方向盘脱离操控台时，须更换方向盘并进行可靠安装。

操控台

图6-22　驾驶室机架裂纹　　　　图6-23　操控台松动

6.2.6.4　侧翻

侧翻是由多种因素引起的，如制动故障、转向机构故障、轮胎磨损等。前移式叉车较容易发生侧翻事故，具体原因有：①前移式叉车采用实心轮，其直径比充气条纹轮胎小得多，从而导致与地面的附着力较差；②货叉承载货物升高，导致车辆的重心偏高，容易形成侧翻力矩；③随着使用时间的延长，左右前轮的磨损不一致，导致两侧车轮的制动力相差较大。

6.2.7　特殊叉车常见故障及其原因分析

我国目前使用的大部分叉车为3t左右的内燃式或电动普通叉车，但在一些比较特殊的作业区域，比如需要进行高空堆垛的大仓库、造纸厂、码头及钢铁厂等，需要用到带有特殊属具的大型叉车，最大的有36t级别。

属具

6.2.7.1　集装箱堆高机

图6-24所示为集装箱堆高机，用于大型集装箱的堆垛作业。其特点是吨位大，有独立驾驶室，驾驶室可升降，带属具，无叉架；由于车辆重心高，载荷大，在制动时晃动明显，噪声大。

图6-24　集装箱堆高机

6.2.7.2　拣选叉车

在某些工况下（如超市的配送中心），不需要整托盘出货，而是按照订单拣选多种品种的货物组成一个托盘，此环节称为拣选。按照拣选货物的高度，拣选叉车可分为低位拣选叉车（2.5 m 内）和中高位拣选叉车（最高可达 10 m）。

图 6 – 25 所示为某高位拣选叉车。如图 6 – 25a 所示，该拣选叉车的属具有 3 个自由度，即水平方向的左右、垂直方向上下及旋转（如图中箭头所指），操作人员可以站在工作平台上随着货物一起上升，实现人工辅助装卸货物，保障高空堆垛货物的安全性。如图 6 – 25b 所示，该拣选叉车结构采用分段式，电池组作为独立部分安装在车后端，通过中间传动件驱动工作装置，操控室可随着属具的上升而上升，以方便工作人员辅助装卸货物；该拣选叉车的另一个主要特点是在平坦路面轨道上行驶。因为需要高空作业，为了保证叉车的行驶稳定性，所以采用轨道式行走方式。具体实现方法是通过在该叉车两侧分别布置两个侧向轮，在仓库中相邻货架之间的通道两侧布置凹槽，且通道的宽度与该拣选叉车两侧的侧向轮宽度配合一致，从而实现高位拣选叉车的稳定行驶，保证高空作业的安全性。由于需要高空作业，因此应重点保障工作人员的安全，防止货物从高处坠落，同时防止叉车倾翻。

　(a)

　(b)

电池组

操控室

侧向轮

图 6 – 25　高位拣选叉车

6.2.7.3　带属具的特殊叉车

由于作业的特殊性，叉车的货叉经常要改为特殊的属具进行作业，以保证具有特定功能。图 6 – 26 所示为 3 种带不同属具的特殊叉车，分别用于卷筒、钢丝圈、铲运等作业区域。由于使用了特殊属具，在作业时应确保属具连接可靠，同时使载荷尽量均匀分布。

(a) 卷筒作业

(b) 钢丝圈作业

(c) 铲运作业

图 6 – 26 带属具的特殊叉车

6.3 场车事故调查及处理

在前面所述的场车典型失效案例进行分析的基础上，下面开展场车事故调查方面的研究。

6.3.1 场车事故调查及处理概述

6.3.1.1 场车事故原因及特点

1. 引起场车事故的主要原因

（1）使用单位的设备规章制度不完善或执行不力。很多单位甚至缺少操作规程、检修规程、培训制度、设备档案制度等最基本的规章制度。

（2）设备作业人员违章操作较为普遍。不少使用单位存在作业人员无证上岗、违章作业的现象，现场混乱。作业人员作业前不检查场车、带病出车、场车超载超速、视野不良、叉车带人行驶、行驶过程中瞭望不足、紧急情况处置不当、安全意识淡薄等现象普遍。

（3）作业区域管理混乱。使用单位存在人车混行、作业场所无警示标识等现象，特别是交叉作业缺少必要的安全技术措施。

（4）企业对设备的日常维护保养不及时，造成安全装置乃至设备机构和结构失效。其中，设备的行车制动、驻车制动失效现象较多。

2. 场车事故主要特点

（1）突发性强。场车发生事故前往往没有明显征兆。作业人员的一个盲目动作或者周围复杂的环境变化，容易导致场车事故的突发。

（2）事故区域的局限性。场车的事故，波及的范围一般不大，通常都局限在设备本体周围的有限区域。叉车的事故一般发生在工作区域或者其行驶的主要线路，而观光车的事故一般发生在其固定的行驶线路上。

（3）事故造成的社会影响较小。不同于电梯、客运索道和大型游乐设施等安装在公众聚集或游玩的场所，场车的事故一般局限在相对较小的工厂厂区等区域或旅游景区、游乐场所等的局部区域，因而造成的社会影响较小。

（4）导致次生灾害的概率低以及对周边环境破坏小。鉴于场车的结构特点和工作原理，除非用于易爆场所的设备防爆性能不能满足要求，否则场车事故一般不会导致次生灾害，对周边环境的破坏力也非常有限。一般来说，事故只对设备的使用和操作人员以及设备自身构成直接威胁。

（5）事故的重复性。通过对历年事故的分析发现，场车同一性质的事故，一直在重复出现，而且很多事故的原因和发生过程都基本一致。

6.3.1.2 事故调查目的与处理程序

事故调查的目的主要有以下几点：①查清事故，澄清事故的真相，查明人身伤亡、设备损坏和经济损失情况，调查事故的直接原因和间接原因、主要原因和次要原因，明确事故的责任；②事故预防，了解尚未了解或被我们所忽视的潜在危险；③改进管理工作，提高企业经济效益。

《特种设备事故报告和处理规定》中要求，特种设备事故调查处理工作必须坚持实事求是、客观公正、尊重科学的原则，及时、准确地查清事故经过、事故原因和事故损失，认定事故责任，提出处理和整改措施，并对事故责任者依法追究责任。

场车事故调查的一般处理程序为：①成立事故调查组；②明确各工作小组及其分工，确定调查工作计划；③封存与事故相关的设备、场地、财务等相关资料，提出控制事故责任人员、保护重要证人的建议；④开展事故现场调查工作；⑤分析事故发生的原因，认定事故性质；⑥认定事故责任，提出对事故责任者的处理建议；⑦提出事故预防措施和整改建议；⑧汇总调查资料，形成事故调查报告；⑨整理移交事故调查资料。

6.3.1.3 现场调查

场车现场调查主要包含以下内容：①了解现场情况；②现场询问；③现场勘查和资料查阅；④必要时进行相关技术鉴定。

1. 了解现场情况

（1）了解现场基本情况，包括发生事故的单位、时间、地点，事故发生的经过情况，事故的应急处置情况，事故伤亡人员及相关人员情况。

（2）巡视现场，了解事故现场的整体情况。

（3）直接询问当事人和报案人，掌握重要现场知情人员，并且做好记录。

（4）听取有关人员的介绍，检查现场保护情况，做出标记，绘制现场简图，记录现场了解的有关情况，调阅现场影音资料。

2. 现场询问

（1）与事故相关的人员年龄、性别、从业履历、岗位职务、受伤害程度，事故发生时所在位置等。操作人员的技术水平、培训及考核情况，包括事故设备操作人员的从业履历、技术等级、岗前安全培训、专业培训以及持证上岗等情况。

（2）事故前设备运行参数是否正常，包括事故发生前和发生时设备运行参数、设备的运行状态、设备有关部件的运行位置、事故发生时的现象等情况；有无进行维修、维护保养或更换部件，现场指挥人员指挥情况和作业人员操作情况；有无超压、超负荷情况；有无发现设备变形、异常响声、异常现象（如安全泄压装置动作、闪光、着火、一次或两次响声）等情况；此外，对生产工艺复杂的，还要结合工艺情况进行询问。

（3）对事故发生前后操作人员的操作动作、应急的具体工位、动作等情况，必须详细询问。

（4）事故设备的设计、制造、改造、维修、检验、使用、安全附件检定等情况。

（5）了解现场原状和事故发生后变动情况，包括物品的种类和数量，摆放的位置，有无危险物品等，抢险救灾时对现场造成的变动情况。

（6）必要时还应了解事故发生前周围环境和相关人员身体情绪状况。

3. 现场勘查和资料查阅

（1）事故现场破坏情况的调查，调查、测量并且记录设备及系统的总体损坏情况、周围建筑物及其他破坏情况与范围等相关情况，以及可能被清除或者损坏的痕迹，绘制事故现场示意图、伤亡者位置图，必要时还应当绘制模拟工艺流程图等。

（2）设备本体损坏或者失效情况（包括设备整体、失效部位、残骸）的检查，检查爆炸、爆燃、碰撞、剪切、挤压、故障等部位形状、尺寸、内外表面情况，测量并且记录其位置、方向等数据，同时做好关键部位的保护。

（3）安全附件、安全保护装置、附属设备和部件失效或者损坏情况的调查，测量并且记录其位置、方向等数据，失效或者损坏情况，同时做好关键部位的保护。

（4）现场伤亡人员以及受伤住院治疗人员病情变化情况的调查，调查死亡、重伤、轻伤人数，死伤状况，伤亡人员基本情况，个人防护措施状况，事故发生前受害人、肇事者的身体状况等。

（5）搜集事故应急救援现场相关部门对事故现场的检测或测定资料。

（6）必要时对当事人或者见证人员提供的情况进行现场比对核实。

6.3.1.4　事故分析方法

事故调查组应当在技术组完成事故技术分析报告、管理组完成事故管理调查报告后，由调查组组长主持召开调查组全体成员会议，分析事故原因、认定事故性质和事故责任，必要时要求有关专家参加。调查组组长认为必要时可以先行召开各小组组长会议，进行有关事项协商。

调查事故时，可以采用技术鉴定、分析、论证等手段，通过对事故发生的征兆、时刻、位置、状态、痕迹、音像、询问笔录、生产过程记录等事实证据资料进行分析和确认，找出与事故有关的各种因素之间的因果关系和逻辑关系。

通常从直接原因入手，逐步深入到间接原因。经过对事故后果有影响的重要因素分析后，分清其作用程度的主次，找出事故的主要原因和次要原因，并且明确构成事故直接原因或者主要原因的各种因素。

场车事故分析的内容主要包括：①在事故发生前存在什么样的不正常；②不正常的状态是在哪里发生的；③什么时候最先注意到不正常状态；④不正常状态是如何发生的；⑤事故为什么会发生；⑥事故发生的可能顺序以及可能的原因（排除不可能的原因）；⑦分析事故发生的顺序。

场车事故分析的程序：①确定事故的类别，列出可能发生此类事故的所有原因，即事故原因系统分析；②根据调查情况逐步排除不存在的因素；③分析和验证可疑因素；④识别事故的基本事件与人为失误的组合；⑤对导致事故的各种因素及逻辑关系做出全面、简洁的描述，以确定事故的直接原因，进而分析其间接原因，从而掌握事故的全部原因。

6.3.2　典型场车事故调查及处理案例

6.3.2.1　叉车与人相撞事故

1. 事故描述

图6-27为叉车与人相撞事故发生现场示意图。根据事故相关调查人员的陈述，2011年8月16日23时53分左右，某物流集团广州分公司仓库21号库2号门前，一辆拖车停车卸货，货物卸载完成后，一名搬运工由拖车的右侧从车尾跑向车头，准备跑向位于拖车左侧的仓库大门离开仓库下班；与此同时，一辆空载叉车正好从拖车的左侧从车尾驶向车头，准备到位于拖车右侧的某处装载货物。当叉车向右转弯行驶，搬运工左转弯向前跑时，在位于拖车车头位置1.8m处发生碰撞。叉车挡货架撞到搬运工身上，搬运工向后倒，头部着地重伤，送医院后抢救无效死亡。

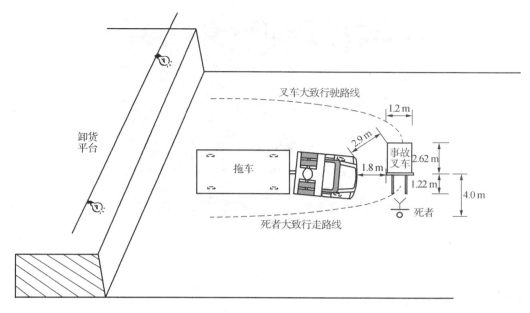

图6-27　叉车与人相撞事故发生现场示意图

2. 事故现场调查

(1)进行叉车安全技术性能鉴定时,因保留现场等需要,事故叉车已被封存,放于事故发生地,如图6-28所示。

图6-28　事故叉车

(2)该叉车无牌无证,没有经过特种设备检验机构的安全性能检验,同时使用单位无法提供该叉车的相关技术资料。车辆铭牌大部分被油漆覆盖,从车辆外观及铭牌部分可见文字分析可知该叉车的型号及底盘编号。揭开司机驾驶室座椅下方的车盖检查发动机,没发现发动机编号。车辆铭牌部分字迹已模糊,车辆额定载重、空车重量、出厂日期等参数不详,如图6-29所示。

图 6 - 29　叉车铭牌

（3）该叉车长 2 620 mm（不含货叉），护顶架上端离地面高 2 100 mm，货叉长1 220 mm，挡货架宽 1 200 mm。

（4）该叉车左右前轮后方地面以及左右前轮轮胎胎面均有可见刹车痕迹，右前轮轮胎胎面磨损超标，暴露出轮胎帘布层。对该叉车进行行车制动性能试验，在平直水泥路上以车辆最高速度进行紧急制动，制动距离为 1.7 m，车辆无跑偏现象，行车制动性能满足标准要求。

（5）该叉车大灯工作正常，转向灯、制动灯均不亮，喇叭不响。

（6）该叉车采用液力传动，车辆处于空挡、前进挡、后退挡均能启动发动机，不符合标准规定的液力传动车辆必须处于空挡位置时才能启动发动机的要求。

（7）该叉车货叉叉尖前端变形，叉根磨损超标，垂直段厚度为 45.0 mm，叉根位置厚度为 37.0 mm，不符合货叉水平段和垂直段的厚度不得小于原值的 90% 的要求，如图 6 - 30所示。

图 6 - 30　货叉磨损图

（8）事故叉车方向盘的最大自由转动量为 84°，不符合标准规定的不得大于 15°的要求。

3. 事故原因初判

（1）根据现场调查第 4 项检验情况，事故叉车行车制动性能有效。

（2）根据现场调查第 5 项检验情况，事故叉车喇叭不响，无法产生必要的声响警示。

6.3.2.2　叉车倾翻事故

1. 事故描述

图 6 – 31 为叉车倾翻事故发生现场示意图。2011 年 6 月 12 日上午 9 时 30 分左右，广州市黄埔区某冷冻有限公司卸货场一辆叉车在行进过程中发生倾翻，坠下离工作平面 1.2 米高的钢轨平面，导致 1 人死亡。

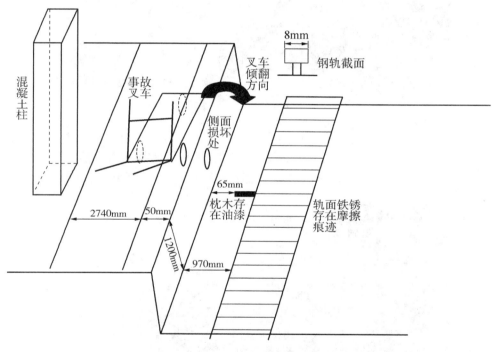

图 6 – 31　叉车倾翻事故发生现场示意图

2. 事故现场调查

（1）进行叉车安全技术性能鉴定时，因抢救人员等需要，事故叉车已吊正端放于站台上，如图 6 – 32 所示。

（2）事故叉车长 1 800 mm（不含货叉），护顶架上端离地面高 1 950 mm，货叉起升架离地高 2 050 mm。

（3）该叉车底盘编号与事故叉车车身所挂车牌号所对应的检验报告书不符，因此事故叉车的车牌系挂错车牌。

（4）根据使用单位提供的事故叉车的档案资料，该叉车为蓄电池平衡重式叉车，额定载重量为 1 600 kg，自重为 2 303 kg，出厂日期为 2010 年 4 月 12 日，最近一次检验日期为 2010 年 5 月 7 日。

图 6 – 32　事故叉车

(5)事故叉车后方平衡配重有一块油漆脱落严重,包括底漆和腻子,直接裸露金属基体,缺损部位距地面 65mm,如图 6 – 33 所示;事故现场铁轨枕木有油漆痕迹和脱落的油漆块,与车身撞击脱落处吻合,油漆痕迹位置距站台侧面距离为 65mm(见图 6 – 31)。

65mm

图 6 – 33　平衡配重油漆脱落

(6)事故叉车前方挡货架严重变形(见图6-34),且前轮胎沾满泥土(见图6-35)。

图6-34　挡货架变形

图6-35　前轮胎沾满泥土

(7)事故叉车跌落侧护顶架发生严重变形(见图6-36),且变形位置宽度为8mm,宽度范围为900～980mm,与铁轨轨面宽度吻合,因此推断该处为事故叉车跌落后直接与铁轨撞击的位置。

图 6 – 36　跌落侧护顶架变形

（8）发生事故现场铁轨轨面有摩擦痕迹，铁锈脱离；站台侧面有损坏，损坏处有油漆痕迹，如图 6 – 37 所示。推断为事故叉车跌落时车身侧面与站台侧面相互摩擦所致。

图 6 – 37　事故现场铁轨轨面

（9）事故叉车因跌落后与铁轨撞击损坏，不能进行安全启动行驶操作，不具备相关性能测试的条件。开盖检查，发现方向盘连接部位移位，且不能复位，造成安全保护装置动作也无法复位，不能正常工作。因此，现场无法对该叉车按照 GB/T16178—1996 和《厂内机动车辆监督检验规程》中相关条款的要求进行相关安全技术性能的试验。

3. 事故原因初判

（1）事故叉车因受到撞击方向盘连接部位移位，且不能复位，造成安全保护装置动作也无法复位，不能正常工作。

（2）根据现场勘查和检验的情况，事故叉车因跌落与铁轨和枕木发生撞击造成外观严重变形和部件功能损坏，不能安全启动和运行，因此不能进行行驶、制停等相关性能试验。

本章小结

场车的结构组成包括动力系统、转向系统、传动系统、行驶系统、制动系统、电气控制系统、工作装置等。场车包括叉车和观光车，其中叉车占绝大部分。场车零部件按失效模式分类可分为磨损、疲劳断裂、腐蚀、变形及老化等五类；一个零部件可能同时存在几种失效模式或失效机理。

在对场车的基本情况进行研究的基础上，重点对叉车的典型失效案例进行了分析。通过研究分析，可得到以下结论：

（1）通过统计叉车故障规律可知，电动叉车的故障率为1.3%，内燃叉车的故障率为10.7%，具体原因有：①电动叉车近年刚引进，相对较新，尚未出现问题，而内燃叉车作为传统车辆已使用多年，性能在退化；②出现问题的内燃叉车最大的共同点是非常破旧；③电动叉车减少了机械传动部件，使得故障发生率降低；④内燃叉车速度较快，可达20 km/h，而电动叉车较慢，仅为10 km/h左右；⑤内燃叉车工作环境恶劣，常用于室外露天场所，如码头，而电动叉车则一般用于仓库内部，工作环境良好。此外，直线加速制动跑偏是叉车最主要的典型故障类型。

（2）叉车的制动性能失效模式主要有点制动跑偏、后尾翘起、侧翻、货架及附属工作装置剧烈振动、手刹或脚刹失效、制动减速度过大、车身剧烈抖动、制动无力等。其原因是设计、加工、组装、使用、维护和外界环境等多方面因素综合作用的结果，其中又以设计、加工、使用、维护和外界环境为主。主要解决措施有：①不超载；②对车轮进行保养；③定期调整手刹；④加强气压制动系统的润滑密封。

（3）转向机构主要存在以下问题：①装载货物时车速稍快容易导致车辆发生侧翻；②电动叉车后轮转向齿轮易发生磨损；③转向节臂或球头销座过度磨损导致叉车出现晃动。主要解决措施有：①经常对转向机构的摩擦副进行润滑保养；②定期对球头销座做好保养；③尽量避免把方向盘打到底。

（4）轮胎的正常使用与否，直接关系到车辆的行驶性能、制动性能及侧翻事故的发生概率。针对轮胎磨损主要有以下解决措施：①调节适当的胎压；②前轮胎可采用质量较好的材料；③定时对轮胎进行保养；④确保左右轮胎磨损均匀。

（5）货叉易出现磨损严重、松动等故障。主要解决措施有：①从货叉结构上进行优化设计；②定期对其货叉进行检查。

（6）其他常见故障主要有：①电动叉车急停开关故障；②车身结构裂纹；③操控台松动；④侧翻。

（7）简要介绍了3种特殊叉车，对其工作原理、常见故障进行了分析。

对场车事故调查及处理进行了概述，主要内容包括：①场车事故特点；②事故调查与处理程序；③现场调查；④事故分析方法。在此基础上，对两宗典型场车事故调查及处理案例进行了分析。

参 考 文 献

[1] 国家质量监督检验检疫总局. 质检总局关于 2016 年全国特种设备安全状况情况的通报[J]. 中国特种设备安全, 2017, 33(4): 1-5.

[2] 张斌. 特种设备安全技术[M]. 北京: 化学工业出版社, 2013.

[3] 李文成. 机械装备失效分析[M]. 北京: 冶金工业出版社, 2008.

[4] 国家质量监督检验检疫总局. 中华人民共和国特种设备安全法[M]. 北京: 中国质检出版社, 2013.

[5] 孙智. 失效分析-基础与应用[M]. 北京: 机械工业出版社, 2005.

[6] 张行. 断裂力学[M]. 北京: 宇航出版社, 1990.

[7] 沈成康. 断裂力学[M]. 上海: 同济大学出版社, 1995.

[8] 傅祥炯. 结构疲劳与断裂[M]. 西安: 西北工业大学出版社, 1995.

[9] Westergaard H M. Bearing pressures and cracks[J]. J. Appl. Mech., 1939, 6: 49-53.

[10] 李平平. 机械零部件失效分析典型 60 例[M]. 北京: 机械工业出版社, 2016.

[11] JB/T 4730.1—6 2005, 承压设备无损检测[S].

[12] 吴彦, 沈功田, 葛森. 起重机械无损检测技术[J]. 无损检测, 2006, 28(7): 367-372.

[13] 郑中兴. 材料无损检测与安全评估[M]. 北京: 中国标准出版社, 2003.

[14] 刘赞. 无损检测新技术在某钢结构桥梁中的应用研究[D]. 西安: 长安大学, 2011.

[15] 戴景民, 汪子君. 红外热成像无损检测技术及其应用现状[J]. 自动化技术与应用, 2007(1): 1-7.

[16] 袁书生. 无损检测技术新趋势[J]. 科技信息, 2012(36): 141-142.

[17] 李丽茹. 表面检测-磁粉、渗透与涡流[M]. 北京: 机械工业出版社, 2009.

[18] 盛国裕. 超声测厚仪在材料检测中的应用[J]. 仪器仪表与分析监测, 2000(3): 29-31.

[19] 齐伟. 基于小波分析的汽车起重机常用钢声发射源特性研究[D]. 北京: 北京交通大学, 2010.

[20] Imai H, Hoson H. Dependence of defects induced by excimer laser on intrinsic structural defects ins synthetic silica glasses[J]. Phys. Rev. (B), 1994, 44(10): 4812-4818.

[21] 钟群鹏, 张铮, 田永江, 机械装备失效分析诊断技术[J], 北京航空航天大学学报, 2002, 28(5): 497.

[22] 张栋, 机械失效的实用分析[M]. 北京: 国防工业出版社, 1997.

[23] 涂铭旌, 机械零件的失效与预防[M]. 北京: 高等教育出版社, 1993.

[24] 陈南平, 顾守仁, 沈万慈, 机械零件失效分析[M]. 北京: 清华大学出版社, 1998.

[25] 钟群鹏, 田永江, 失效分析基础[M]. 北京: 机械工业出版社, 1989.

[26] 朱敦伦, 周汉民, 强颖怀, 机械零件失效分析[M]. 徐州: 中国矿业大学出版社, 1993.

[27] 刘明治, 钟明勋, 失效分析的思路与诊断[M]. 北京: 机械工业出版社, 1993.

[28] 朱昌明. 电梯与自动扶梯[M]. 上海: 上海交通大学出版社, 1995.

[29] 陈秀和, 张书. 电梯安装工程[M]. 广州: 中山大学出版社, 2012.

[30] 陈家盛. 电梯结构原理及安装维修[M]. 4 版. 北京: 机械工业出版社, 2011.

[31] 陈炳炎. 电梯设计与研究[M]. 北京: 化学工业出版社, 2016.

[32] 宋绪鲜, 孟宪杰, 郭刚. 电梯安全操作技术[M]. 北京: 中国计量出版社, 2010.

[33] 马飞辉. 电梯安全使用与维修保养技术[M]. 广州: 华南理工大学出版社, 2011.

[34] 马宏骞, 石敬波. 电梯及控制技术[M]. 北京: 电子工业出版社, 2013.

[35] 陈继文, 杨红娟, 崔嘉嘉. 现代电梯结构、制造及检测[M]. 北京: 化学工业出版社, 2016.

[36] 程琦. 厂内机动车辆的安全管理[J]. 中国质量. 2007(07): 90-92.

[37] 本刊编辑部. 关注场(厂)内机动车辆安全状况(续)[J]. 建筑机械. 2008(13): 14-15.

[38] 俞志红. 叉车的制动原理与跑偏故障[J]. 叉车技术, 2007, 04: 24-25.

［39］ N. Gubeliak，U. Zerbst，J. Predan，et，al，Application of the European SINTAP procedure to the failure analysis of a broken forklift［J］. Engineeing Analysis，11(2004)，33－47

［40］ R. Verschoore，J. G. Pieters，I. V. Pollet，Measurements and simulation on the comfort of forklifts［J］，Journal of Sound and Vibration，266(2003)，585－599

［41］ Park，Jee-Hun；Kim，Min-Hwan；et，al. Development of autonomous loading and unloading of network-based unmanned forklift［J］. Automation Science and Engineering. 2010. (01)：167－172

［42］ 朱桂英. 基于 VB 的汽车制动系统仿真设计研究［J］. 现代电子技术，2011，08：69－71.

［43］ 关发栋，王子槊. 平衡重式叉车制动跑偏［J］. 起重运输机械，2011，04：89－90.

［44］ 常方坡. 叉车鼓式制动器疲劳试验研究［J］. 起重运输机械，2013，02：89－91.

［45］ 胡海勇，陶元芳. 叉车动态稳定控制技术的研究［J］. 太原科技大学学报，2013，03：203－205.

［46］ Carina Rislund，Hillevi Hemhala，Gert-Ake Hansson，Istvan Balogh. Evaluation of three principles for forklift steering Effects on physical workload［J］. Industrial Ergonomics 43 (2013) 249－256.

［47］ 黄国健，刘奕敏，王幸平，沈炽，何瑞容，王新华. 场(厂)内专用机动车辆检验典型故障及处理［J］. 起重运输机械，2014，03：115－120.

［48］ 陶元芳、卫保良. 叉车构造与设计［M］. 北京：机械工业出版社，2010：47－147.